珍藏本·增订本

纪念版

汉译世界学术名著丛书

论优美感和崇高感

〔德〕康德 著

何兆武 译

商务印书馆

SINCE 1897 The Commercial Press

I. Kant

BEOBACHTUNGEN ÜBER DAS GEFÜHL DES SCHÖNEN UND ERHABENEN

Kants Gesammelte Schriften, hrsg. von der Preuβischen Akademie der Wissenschaften, Bd. Ⅱ, S. 205—256
Berlin, G. Reimer, 1905—1936

据德国柏林普鲁士科学院版《康德全集》卷2第205—256页译出

汉译世界学术名著丛书
（120 年纪念版·珍藏本）
增订本出版说明

2017 年 10 月，为纪念商务印书馆创立 120 周年，本馆推出“汉译世界学术名著丛书”（120 年纪念版·珍藏本），计七百种。近五六年来，仰赖学界同人倾力支持，订正旧译，增补新译，拓展新著，积累日多。为满足读者需要，本馆在七百种的基础上，继续推出“汉译世界学术名著丛书”（120 年纪念版·珍藏本·增订本）三百种。至此，“汉译世界学术名著丛书”累计出版已达千种。

今后，本馆将继续推进丛书的翻译出版工作，在积累单本名著的基础上陆续分辑刊行，汇印出版。为促进中外文明互鉴、推动我国学术发展，使“汉译世界学术名著丛书”这项对我国学术文化有基本建设意义的重大工程发挥更大作用，诚望海内外学术界、翻译界继续给予支持，帮助我们把这套丛书出得更好。

商务印书馆编辑部

2024 年 2 月

汉译世界学术名著丛书
（120年纪念版·珍藏本）
出 版 说 明

2017年2月11日，商务印书馆迎来120岁的生日。120年前，商务印书馆前贤怀揣文化救国的理想，抱持"昌明教育，开启民智"的使命，立足本土，放眼寰宇，以出版为津梁，沟通中西，为中国、为世界提供最富智慧的思想文化成果。无论世事白云苍狗，潮流左右激荡，甚至战火硝烟弥漫，始终践行学术报国之志，无改初心。

迻译世界各国学术名著，即其一端。早在20世纪初年便出版《原富》《天演论》等影响至今的代表性著作，1950年代后更致力于外国哲学和社会科学经典的译介，及至1980年代，辑为"汉译世界学术名著丛书"，汇涓为流，蔚为大观。丛书自1981年开始出版，历时三十余年，迄今已推出七百种，是我国现代出版史上规模最大、最为重要的学术翻译工程。

丛书所选之书，立场观点不囿于一派，学科领域不限于一门，皆为文明开启以来，各时代、各国家、各民族的思想与文化精粹，代表着人类已经到达过的精神境界。丛书系统译介世界学术经典，引领时代思想，为本土原创学术的发展提供丰富的文化滋养，为推动中国现代学术和现代化进程做出了突出的贡献。

为纪念商务印书馆成立120周年，我们整体推出“汉译世界学术名著丛书”120年纪念版的珍藏本，寄望既利于文化积累，又便于研读查考，同时向长期支持丛书出版的译者、编者和读者致以敬意。

两甲子后的今天，商务印书馆又站在了一个新的历史时间节点上。我们不仅要铭记先辈的身影和足迹，更须让我们的步伐充满新的时代精神。这是商务人代代相传的事业，更是与国家和民族的命运始终紧密相连的事业。我们责无旁贷，必须做好我们这代人的传承与创造，让我们的努力和成果不仅凝聚成民族文化的记忆，还能成为后来人可以接续的事业。唯此，才能不负前贤，无愧来者。

商务印书馆编辑部

2017年10月

译　　序

（一）

《论优美感和崇高感》是康德于1763年撰写的一篇长文，次年在哥尼斯堡作为单行本出版，题名为《对优美感与崇高感的考察》。

通常在人们的心目中，康德是以这样一种形象呈现的：他是一位鼎鼎大名的哲学家，但同时也是一位枯涩的、刻板的纯哲学家。他一生足迹从未出过他的故乡哥尼斯堡[①]，生活有点古怪，没有任何嗜好，终生未婚，甚至也从没有恋爱过。每天、每月、每年都过着一成不变的刻板生活，以至于邻居们都以他每天固定的散步时间来校对自己的钟表。他的哲学也是枯燥无味的，文风沉闷而冗长，《纯粹理性批判》一书大概除了少数专业者以外，一般读者很少有人通读完了的。阿·赫胥黎（Aldous Huxley）曾有一篇谈旅行的散文，说到出门旅行的人的行囊里，每每总要带上两本书以供旅途消遣，有人就选有这部《纯粹理性批判》，但是直到旅行归来，实际

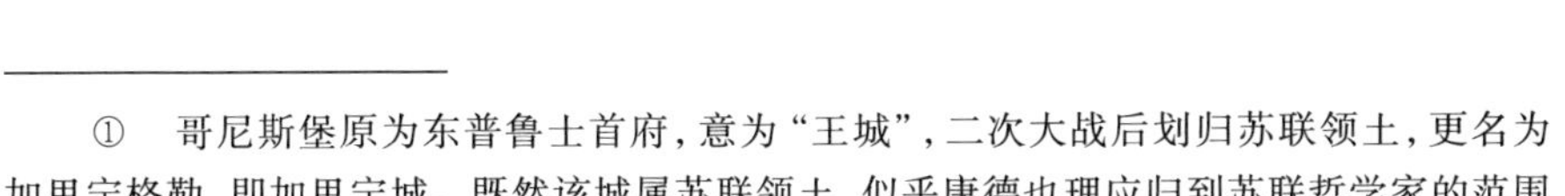

① 哥尼斯堡原为东普鲁士首府，意为“王城”，二次大战后划归苏联领土，更名为加里宁格勒，即加里宁城。既然该城属苏联领土，似乎康德也理应归到苏联哲学家的范围之内，而对他的评价也应随之有所不同。但苏联学术界并没有这样做。

上连第一页也没有看完[1]，似乎颇有点讥讽意味。这部书中文有两种译本，即胡仁源译本和蓝公武译本。这两部译本中国读者读起来简直有如天书，比康德的原文还难懂[2]。而恰好这本书是大学里读康德哲学的第一本必读书。30年代初，何其芳在北大哲学系做学生时，就曾有"康德是个没趣的人"之叹，这其实也是大多数中国读者所一直因袭的看法。不但一般读者，就连哲学专业者大抵也只读他的第一"批判"（《纯粹理性批判》）或者也还有第二"批判"（《实践理性批判》），所以得出以上的印象也就不足为奇。

我时常想，假如我们能从另一条途径去读康德，先读（或者哪怕是后读）他的第三批判，即代表他晚年力图打通天人之际的《判断力批判》以及所谓的第四批判即《历史理性批判》，再加上某些前批判时期的作品——当然，首先是这部《论优美感和崇高感》，也许还有《自然通史和天体理论》以及《一个通灵者的梦》，那么我们大概就会看到另一个较有趣味的康德，而且也会更近于康德这个人和这位哲学家的真实面貌。批判哲学就像是一部哲学的《神曲》，它要带着你遍游天、地、人三界，第一批判带你游现象世界；第二批判带你游本体世界；最后第三批判则是由哲学的碧德丽采（Beatrice）——美——把你带上了九重天。哲学虽然囊括三界，但是只有"无上天"（Empyrean paradise）才是统合三界的最后归宿。

赫尔德（Herder）是康德的学生，两人后来虽然在历史哲学问题上意见相左，并有龃龉，但赫尔德对《论优美感和崇高感》一书

① 见A. Huxley，*Along the Road*，Leipzig，The Albatross，1939年版，第66页。

② 就我所知，齐良骥先生晚年曾重译此书，但前年良骥先生遽归道山，不知这项工作已完成否，下落如何。

却给予了高度的评价。他写道：

> 康德整个是一个社会观察家，整个是一个完美的哲学家。……人和人性之中的伟大和美丽、两性的气质和动机、德行，以及还有民族性，——这些就是他的世界，他非常之精密地注意到了细微的阴影，非常之精密地分析了最为隐蔽的动机，并且非常之精密地勾画出了许多细微的遐想，——他整个就是人道之优美而崇高的哲学家。在这种人性哲学上，他是一位德国的沙夫斯柏里。①

这是赫尔德对此书的总结和评价，但同时也反映了他那个时代人们的普遍看法。书中所展现的这位哲人，并不是一个枯涩无味的逻辑学家，单纯在进行概念的推导，而是对人性的丰富多彩（及其不足）充满着敏锐的感觉，而又是那么地细腻入微。这一点对于了解康德的全部思想理论，是至关重要的。此书虽不是一部哲学著作，但其中并不乏深刻的哲学思想。康德的哲学，——和那些仅只根据《纯粹理性批判》来构想康德的人们的印象相反，——乃是从大量的科学知识和对人生的灵心善感之中所概括、所总结和提炼出来的一个理论体系。这位宣扬"最高指令"（Kategorische Imperative）的人，并不是一个对生命的情操和感受茫然无知或无动于衷的人。把这些和他的三大批判联系起来

① Herder, *Kritische Wälder*, 载《全集》（柏林，1878年）卷四，第175页。[按，沙夫斯柏里（Shaftesbury，1671—1713年）侯爵，即阿什莱（Ashley）勋爵，英国人性论者，以调和美感和道德而著称。]

看，我们庶几可以接触到他思想中一脉相承的线索，否则我们对他批判哲学的理解就难免是片面的。本书中所已经流露端倪的一些提法，如天人之际、道德的至高无上且又日新又新、事物的流变不居但其中又有其普遍有效的成分等等，可供我们和后来的批判体系相参照；这样，我们对他的全部思想发展的历程就可以有一个更好的理解。

（二）

1790年的第三批判，即《判断力批判》，是奠定近代美学理论体系的基石。当代研究中国哲学的学者们，有些人每好谈天人合一乃是中国思想的特征。其实这是一种无征不信、似是而非之说。因为古今中外一切哲学讲到最后，没有一家不是指向天人合一的，宇宙和人生最后终究是要打成一片的，天道、人道终究不可能不是一以贯之的。也可以说，凡不如此的，就不是哲学。问题只在于每个人各有其不同的讲法，这就成为了不同的哲学。康德毕生只写过两部美学著作，一部是他这部晚年集其理论之大成、力图打通天人之际（也就是天人合一）的大著；另一部则是在此前二十七年所写的这篇《论优美感和崇高感》。从这部前批判时期的《论优美感和崇高感》中，我们可以看到他是怎样考察和解释“人性”的，以及他是怎样考察和理解“美”的。并且，我们还可以由两书的比较看到他的思想的发展和演化的轨迹。

《论优美感和崇高感》全书共四节，但第一节正面论述优美与崇高的性质的那部分仅有如蜻蜓点水，只不过浅尝辄止，并没有着意进行深入的分析和发挥，也没有多少哲学的推理可言。它只是

一个楔子，重点则在后面的三节，但大抵都是作为经验的描述和归纳；第二节是谈这两种美感在人性中的一般表现及其特征的；第三节是论两性之美的不同；第四节是论不同的民族性。越是到后面的部分，越是没有谈什么纯哲学的地方，他倒反而好像是越发兴致勃勃地乐此不疲，各种事例随手拈来都妙趣横生，例如他谈到女性之美，谈到西班牙人那种唐·吉诃德式的斗牛精神，等等。本来，一个哲学家并不必一定要站在学院的讲坛之上，道貌岸然地宣读自己的高头讲章。道是无所不在的，所以讲道的方式也应该是无所不可的；正所谓“天道恢恢，岂不大哉！谈言微中，亦可以解纷”。[①]古希腊哲学的画廊学派或逍遥学派，大都是在漫步谈笑中间自然而然地、毫无修饰地去表达和交流思想的。这使人能够更亲切地流露出自己的思想和风格。很多人之受到师友的思想启发，大多并非是通过听他们讲什么大课，而更多地是从他们漫不经心海阔天空的闲谈之中得来的，而且所谈的甚至大多是与其专业仿佛无关却又有关的问题。

美之所以成其为美，关键就在于它是“无所为而为”（disinterestedness，这是朱光潜先生的译语，亦即与利害无关，或不考虑其实际的价值）。朱先生在他许多美学著作中曾大力介绍过的这一论点，早在30年代即已为中国的读者所熟知，无须赘述。美之所以和人们的愿望、利害和知识无关，是由于它有其自己独立的立足点，或者说它是理性的一个独立王国。是故，《判断力批判》开宗明义就有理性三分的提法（从此，美学也就在哲学中占有了合

① 《史记·滑稽列传》。

法的独立地位）。但是理性自身终究不能总是天下三分而仍是要复归一统的；天人是不能永隔而终究是要合一的。康德美学理论的重要性，不仅在于它是一种美学理论，而尤其在于它是打通天人之际的关键。由此，理性的三个方面就得到了最后的综合和统一。也可以说，宇宙的理性使人类的理性崇高，而人类理性的崇高则是宇宙理性（他使用的术语是“大自然”或“天意”）的鹄的。

本文的主要内容有以下两点：一是优美与崇高的对立与统一；一是强调美的主观性。优美的观念是早在古希腊就已经受到人们重视的，他们的造型艺术等总是讲求和谐匀称（如所谓“黄金分割”），讲求明媚窈窕（如各种女神的造像）。但是要到晚期罗马的朗杰努斯（Longinus，？—273年）始特标“崇高”这一概念，尔后遂成为美学上的一个重要范畴或标准。近代以来，经过法国文艺批评权威布瓦罗（Boileau，1636—1711年）的提倡，自17世纪起即蔚然成风。然而17—18世纪所谓的崇高，大都指的是外在事物，如宇宙的无限等等。而康德则在此之上加入了人的自身。人性自身的美丽和尊严，就在引导着自己的道德生活，这本身就是崇高的体现，它就是崇高（在本文中康德也常使用“高贵”或“高尚”一词来代替“崇高”）。由于这一点，康德早在他的《纯粹理性批判》之前就在美学上进行了一场哥白尼式的革命，亦即把美的基础从客观方面转移到主观方面来。在他以前，无论是理性派还是经验派都一致认同于美的客观属性，即认为所谓美乃是客观事物的属性使我们产生了美感；而那特别指的是，多样性的统一（多中有一，一中有多）所形成的和谐就成其为美。但是康德在本文中却提出：多样性本身就是美，而不涉及多样性的统一与否。与此相关的

另一个论点则是：美是个人情趣和美妙感受的表现。换句话说，它是某种主观的表现，而不是某种客观的反映。这就和当时流行的（尤其是和古典主义所强调的）美的客观规律的论点完全背道而驰。

优美与崇高，这是当时流行的论题，很多人都用这个题目做过文章，最有名的是英国理论家柏克（Edmund Burke，1729—1797年）的《崇高的与优美的观念之起源的哲学研究》一书，其中论述了崇高的产生乃是由于我们对某种强大有力的对象感到惊愕，继而我们意识到它对我们并没有危险，于是这种惊愕之感就转化为一种愉悦之情。柏克认为优美的特性在于使人轻松愉快，而崇高的特性则在于它那巨大无匹的力度。康德是熟悉18世纪的美学的，也承袭了当时的术语：优美和崇高，但却赋之以新的意义而形成为自己的体系。他的体系是批判的，他曾说过我们是生活在一个批判的时代里，一切都需要经过批判；就是理性自身，也应该受到批判[①]。在本文中他虽则没有采取《纯粹理性批判》的形式而提出"优美感和崇高感是如何成为可能的"这一问题，但全文都在酝酿着对于这个问题的答案。

关于优美和崇高分野的界定，他只有简单的寥寥数语：

> 美有两种，即崇高感和优美感。每一种刺激都是令人愉悦的，但却是以不同的方式。
>
> 崇高感感动人，而优美感则迷醉人。

① 参看《纯粹理性批判》第二版序言。

> 崇高必定总是伟大的，而优美却也可以是渺小的。崇高必定是纯朴的，而优美则可以是着意装扮和装饰的。①

换句话说，优美可以是具有多样性的，而崇高则始终是单一的，这似乎是对传统美学观念——美是多样性之寓于单一性之中——的一种否定。美并不是一定非“多寓于一”不可。至于传统美学中“多寓于一”的观念，则大致上相当于康德在本文中所铸造的另一个术语，叫作“壮丽”（Prächtig）。

关于优美与崇高的分别，中国学人最早介绍并运用这一观念的，就我所知应是王国维。王国维在他的早年著作中对此曾有要言不繁的论述：

> 优美与壮美之别：今有一物，令人忘利害之关系而玩之不厌者，谓之优美之感情；若其物直接不利于吾人之意志而意志为之破裂，唯由知识冥想其理念者，谓之壮美之感情。②
>
> 美之为物有两种：一曰优美，一曰壮美。苟一物焉，与吾人无利害之关系，而吾人之观之也，不观其关系而但观其物，或吾人之心中无丝毫生活之欲存，而其观物也，不视为与我有关系之物而但视为外物，则今之所观者非昔之所观者也。此时吾心宁静之状态，名之曰优美之情，而谓此物曰优美。若此物大不利于吾人，而吾人生活之意志为之破裂，因之意志遁

① 《论优美感和崇高感》，《康德全集》卷二，第208—210页，柏林，科学院版。

② 《静庵文集》，第29页，《王国维遗书》第五册，古籍书店影印。

去，而知力得为独立之作用以深观其物。吾人谓此物曰壮美，而谓其感情曰壮美之情。[①]

这里，王国维的“壮美”一词即是“崇高”。王国维早年治哲学，中年治文学，晚岁才转入史学。青年时期曾受过康德、叔本华和尼采的巨大影响，中年的文学研究和创作成绩斐然，而且深深带有早年哲学思想的烙印。《人间词话》一书思想之深邃、境界之高远、识见之精辟与夫文词之晶莹，足以无愧于字字珠玑；但是多年以来，他似乎仅仅是以古史学家而为人所称道。这对王国维本人是不公正的，对近代思想文化的历史面貌也是不公平的。

优美和崇高两者是不同的，其区别就在于优美使人欢愉，崇高使人敬畏。但是两者的关系却不是互相排斥的，而是互为补充、相反相成的。崇高如果没有优美来补充，就不可能持久；它会使人感到可敬而不可亲，会使人敬而远之而不是亲而近之。另一方面，优美如果不能升华为崇高则无由提高，因而就有陷入低级趣味的危险，虽则可爱但又不可敬了。一切真正的美，必须是既崇高而又优美，二者兼而有之，二者相颉颃而光辉。世界上是不会有独美的，它必须是“兼美”。（不知《红楼梦》的作者是不是也持此看法？）友情与爱情、悲剧与喜剧、感官之乐与思想之乐，总之一切优美的和一切崇高的，莫不皆然。在这一论点上，康德透露出了一种重要的倾向，即这两者的结合不但有其审美的，而且尤其是有其道德的

① 《静庵文集》，第43—44页。按，王国维与这些有关的知识可能间接由叔本华得来，在他的《遗书》中找不到他曾读过康德本文或第三批判的记载。不过，这个观念脱胎于康德是毫无疑问的。

涵义。

由此，我们便涉及到本书内容的另外几个重要的论点。第一，美感不是快感（或官能的享受），但也不是思辨原则所推导出来的结论。它虽不是这两者，然而它却是可以培养的，并且是和德行相联系的。美感可以培养，也就意味着人性是可以改善的，可以提高的。这种人性论就和已往大多数的人性论有着根本的不同了。已往的人性论大多是把人性看成某种给定的、一成不变的东西。到了康德这里，本性难移就被转换成了本性可移。本性不但可移，而且应移。我们应该不断地培养并追求更高的美。这些见解鲜明地表现出作为启蒙运动最卓越的代表之一的康德本人的精神面貌。庸俗的享乐（快感）并不需要培养或修养，只有更高级的美（那是一种精神活动或精神状态）才需要。例如，开普勒发现了行星运动的规律，从而感受到宇宙之神秘的和谐那种欣喜，那是没有高度的科学修养和精神境界所永远不可能期望达到的。第二，人性之中也不尽都是美，这一点是康德所深刻了解的。这篇论文既然是对生活中的种种人性事实在进行一番考察，当然就不能闭起眼睛而无视人性中的丑恶面。他承认真正能做到高度德行和美的统一的，毕竟只是极少数人。但是这无伤大局。尽管大多数人都是从自利出发，然而冥冥之中却仿佛是有一只看不见的手在推动着这一切趋向于一个目的，康德在本文中称为“无目的的合目的性”（Zweckmässigkeit ohne Zweck）。二十年后，他在他的《历史理性批判》中进一步地发挥这一论点，遂提出了“非社会的社会性”（ungesellige Geselligkeit），也就是说，人们虽然被自利所驱使，但是从总体上看却适足以成就大自然或天意的目的而成其为天下

之大公。[①]大自然或天意有其自身的目的，它是通过每个人不同的自利的目的而达到它自己的目的的。这一思想和王船山的“天假其私以行其大公，存乎神者之不测”[②]以及黑格尔的“理性的狡猾”（Die List der Vernunft）[③]是非常相似的。“大自然”亦即“天意”这一观念，在本文中已有萌芽。第三，本文中的一些提法，有些是当时流行的见解，是作者受时代所制约的。如，他把崇高分为三种，优美分为两种，人的气质分为四种。又如，他认为女性更多地是属于优美，所以就不适宜于作一个学者。凡此种种大概已经不能为今天的读者所同意了。但是今天的读者却不宜在这些细节上去和古人斤斤计较，或者是脱离现实条件而苛责于他的时代。重要的是，他承认女性也是人，所以就应该享有人性的一切的美好，包括崇高在内。故此他谈到恋爱时就总结说：美丽迷人只不过是一阵过眼烟云，只有真正的敬意才能维持爱情的持久，所以培养情操和提高品德才是爱情与婚姻的最好的保障。美与德的统一是他毕生的祈向，这种祈向在这篇批判前期的论文中时有流露。进一步说，全人类都需要不断培养和提高对优美和崇高的情操。本文的全篇大旨，不外如是。全文最后便从这个观点对西方精神文明的发展历程作了一番简短的历史回顾而告结束。

（三）

人性的美丽（优美）激发了感情，人性的尊严（崇高）则激发了

① 《论优美感和崇高感》，《康德全集》卷二，第220页。

② 王夫之：《论通鉴论》卷一。

③ 黑格尔：《小逻辑》第209节。可参见《历史哲学》及《精神现象学》有关部分。

敬仰。下面便是本文中为人们所经常引用的那段名言：

> 真正的德行只能是植根于原则之上……这些原则不是思辨的规律而是一种感觉的意识，它就活在每个人的心中……如果我说它就是对人性之美和价值的感觉，那么我就概括了它的全部。唯有当一个人使他自己的品性服从于如此之广博的品性的时候，我们善良的动机才能成比例地加以运用，并且会完成成其为德行美的那种高贵的形态。①

最高的美乃是与善相结合、相统一的美，而最高的善亦然。道德高尚必须伴有美好的感情，美好的感情也不能缺少道德的高尚。美，说到最后，更其是一种道德美而不是什么别的。美的地位，就这样极大地被提高到一个人类思想史上所空前未有的高度。中国思想史历来是把伦理道德崇之于至高无上的地位的。但是似乎还不曾有过哪一个思想家是把道德认同于美或把美认同于道德，或曾明确地论证过美就是打通天人之际的枢纽的。这或许是比较哲学中一个值得瞩目的问题。正有如西方哲人每每喜欢把知识认同于善，自从苏格拉底的名言“知识就是德行”以来，历代都有人强调知识本身的价值。浮士德博士为了想要知道宇宙的奥秘不惜把灵魂卖给魔鬼。中国哲人是决不会去做这种事情的，因为中国哲人从不把知识本身看作有什么独立的价值，值得人去献身；知识本身并不是目的，而只是服务于伦理目的（即所谓“上明王道，下揆人

① 《论优美感和崇高感》，《康德全集》卷二，第217页。

伦”或“王道之正，人伦之纪”[①])的一种手段或工具。知识的价值只在于其为德行服务；知识(和美)本身都不是德行，而是从属于德行、为德行服务并且统一于德行之下的。但在康德这里，智性、德行和审美三者各自既是独立的，但最后又复统一于更高一级的理性。

优美表现为可爱迷人，崇高则表现为伟大的气概。而最能使我们产生崇高感的，还是我们对于内心道德力量的感受。崇高和优美又是不分开的，于是美和德行就这样终于合为一体。不仅如此，大自然或天意还设计了种种巧妙的补助方法，使得每个人按照自己的愿望去行事时，都在不自觉地完成大自然或天意的目的：

> 因为每一个人在大舞台上都按自己占统治地位的品性而行动时，他同时也就被一种秘密的冲动所驱使，要在思想上采取一种自身之外的立场，以便判断他的行为所具有的形象在旁观者的眼中看来显得如何。这样，各个不同的群体就结合成一幅表现得华彩夺目的画面，其中统一性就在更大的多样性之中展示出它的光辉，而道德性的整体也就显示出其自身的美和价值。[②]

尽管美和德行各有其自身的价值，但是美却因道德而可以成为更高的道德美，正如德行由于美而可以成为更高的美的德行；而这也

① 杜预《左传·序》。

② 《论优美感和崇高感》，《康德全集》卷二，第227页。

就“必定会对全体人类造成一种简直是奇迹般的销魂之美”。[1]

本文何以没有采取《纯粹理性批判》的论证方式，先来探讨美感是如何得以成为可能的这一问题，就径直把美感当作是某种现成给定、理所当然而无需追问的经验事实去加以评论？对此，我们或许可以设想有如下一种答案：对于我们的认识对象来说，外物和内心是不同的。外物对我们呈现为形形色色的现象，它们必须通过我们的感性加以一番整理才能为我们所认识，然后就成为我们的感性认识。这一大堆感性认识又必须再经过我们智性能力加以一番整理才能为我们所理解，于是就成为我们的智性（或悟性）认识。但是我们对人心的认识则不然，它是我们不假感性知觉，不假智性思索，当下就可以直接认识或领会的。正是这一点，就为后来的新康德学派的发展提供了一个重要的契机。即对外物的认识，我们需要对感性知识进行一番智性的加工，才有可能使之成为智性知识。但是对于内心的认识，我们凭的是心灵的体验，我们不必凭对感性、智性的加工，就可以直指本心，从而明心见性（人性）。这也就是知识和体验的不同，也是人文学科与自然科学分野的所在。[2]现象和我们对现象的经验是不断变化的，但理性能力则是先验的，是不变的。哲学要研究的对象正是这个万古常青的理性能力，所以它在本质上就和一切的经验科学不同。康德的理性是比智性更高一级的、并把智性也统摄在内的理性。人类知识之分为

① 《论优美感和崇高感》，《康德全集》卷二，第227页。

② 新康德学派有其绵密而合理的部分，是不应一笔抹杀的。但是自从第二国际社会民主党受其影响而打出“返于康德”的旗号之后，自然不免要殃及池鱼。这或许是新康德学派在我国很少有人研究的原因之一。

感性认识、智性认识和理性认识三个层次，蔚为康德在人类思想认识史上最具特色的理论。所以他在谈了知识问题（第一批判）道德问题（第二批判）之后，还必须继之以畅论天人之际的审美与目的论的第三批判，从而成就一套完整的哲学体系的三部曲。他所完成的“哥白尼式的革命”——不过所谓“哥白尼式的革命”也有人别有义解，这里暂不置论——不仅是在知识理论上，而且是在全部的理性能力上。他是一个彻头彻尾的理性哲学家，哲学就是研究理性或人的“心灵能力”（Gemuthfahigkeit）的，尤其是，理性不但为世界立法，同时也应该为理性自身立法；所谓批判云云，实际上也就是理性的自我批判，是理性在为自己确定一个有效性的范围。而且真假、善恶、美丑，归根到底并不是互不相干的，它们在更高一级的理性层次上是一致的、统一的。如果我们达到的是这样一个结论，那就会和仅仅读《纯粹理性批判》所呈现的康德面貌大异其趣了。

（四）

任何一种思想理论都不会是凭空产生的，而必定是渊源有自。自从中世纪经院神学的统治式微和近代的人文主义登场以来，近代思潮大体上就沿着两条路线在开展，一条是由笛卡尔所开创的以脑思维的路线（所谓理性派、经验派其实都是在以脑思维）；另一条是由帕斯卡尔所开创的以心思维的路线。两条路线每一条都代有才人；前一条路线的发展下迄当代的分析哲学，后一条路线的发展下迄当代的生命哲学。前一条路线认为不从分析入手就会不得其门而入，有似囫囵吞枣。后一条路线则认为不从本体加以把握，就会破碎支离，有如盲人摸象。这种情形有点类似中国道学中的理学与心学的对立，或者是类似历史学中的考据派与义理派的对立。考据派认为不从文字训诂的考订入手，你就永远也不会懂得史料，不懂史料，还谈得到什么理解历史；义理派则认为，你就是把古书中的每一个字都考订出来，皓首穷经，最多也不过是“死在句下”，仍然没有能触及到理解历史的本质；分析派认为不从语言概念的明确分析入手，则一切玄谈无非都是毫无意义的形而上学的废话，无异于痴人说梦；而生命派则认为一味分析语言概念而不触及根本要害，完全是言不及义。至于传统的说法，即所谓西方文化的内在矛盾即是希腊主义与希伯来主义的冲突，则在双方许多人的身上都同时有所表现，例如帕斯卡尔就是一个明显的例子。

以心思维的这条路线，在我国思想界似乎不如以脑思维的那条路线那么受到研究者的重视。但是一种思想之是否为研究者所重视，并不就是反映它本身重要性的一个尺度。一方面人是一种以脑思维的动物，是一种智能的动物（homo sapien）或一种智能的机器；但是另一方面他又不仅仅是在以脑思维的动物，他还在以心思维。智性（工具理性）和非智性（非工具理性）两种成分就合成为人，人性就包括两种成分在内。如果人就是纯智性，那么一切问题倒都简单了，例如，人类也许根本就不会有战争，也不会有一切感情、热望或理想之类的东西，一切都严格按照机械的规律运转，人生也会无趣得就像是一台计算机。于是，在17世纪就开始走出来一大批人性学家或人性论者（moraliste），他们大都要写上一部或几部题名为《幸福论》或《爱情论》或其他类似名目的著作。（帕斯卡尔就写过一部《爱情论》，或者至少有人认为那部书就是他写的。）当然，像幸福或爱情之类人生中最关重要的东西，都不是纯智性或工具理性所能为力的。从蒙田（Montaigne）、拉·罗煦福高（La Rouchefoucauld）、帕斯卡尔开始的人性论传统，到了18世纪又呈现为一种新的时尚，就是往往都要谈美或者美是什么，从而就出现了近代美学。1747年贝利（John Baillie）出版了《论崇高》一书，但此书康德并未读到；继而1757年柏克出版了他的那部论崇高与优美的名著，一扫前人的成说。前人多以为优美和崇高都是使人欢愉的，柏克则认为两者是对立的、互相排斥的，并把崇高置于优美之上。康德读了他的书并受到他的影响（例如，康德倾向于认为优美终究是要以崇高为依归的），柏克的理论也通过康德而为欧洲大陆的读者所知。但是康德的思想还另有一个渊源，即他所受到的卢梭的影响。

康德思想所受到的巨大影响，在科学上是牛顿，在人文上则是卢梭。这一点是他自己曾经明确提到过的。一个有名的故事是：有一天，他读卢梭入了迷，竟致忘记了每天定时的散步，使得邻居们大为诧异。本文是在他阅读了卢梭的《爱弥儿》之后所写成的，故而文章结尾谆谆寄希望于培养青年一代的世界公民的教育。然而康德并非只是承袭了前人的成说而已，他永远都是在博采众家之长而又出之以自己的创造性的批判。当时的美学家大都是从客观立论，把美认作是事物的客观属性，而康德则反其道而行，把美认为是主观的感情。这种主观论在本文中还只流露出某些萌芽，有时候他仍然徘徊在主观论与客观论之间，直到二十七年以后的第三批判才完成了这场美学上（而且更其是哲学上）的哥白尼式的革命。这是康德理论的创造性的贡献。而本文则是上承人性学

家的传统，可以说是康德的一篇人性论的著作。另外，他的崇高观是强调人自身的内在价值的，——正因为有其内在价值，所以人本身就是目的，而决不是其他别的什么东西的工具，——这一点或许有一部分可以溯源于他的家庭的虔诚教派（Pietismus）的信仰[①]，这个教派略近于清教派（puritanism），可以说是对宗教改革（Reformation）的深化，他们鄙弃一切的教条和说教，而专重内心的严肃与虔敬。

本文是从美感着手而探讨人性的，到了批判哲学的成熟期，则转而从对先天能力的分析着手（第一批判），然后继之以探讨纯粹的实践理性（第二批判），终于由审美判断的目的论打通了天人之际，使理性的三方面复归于统一。看来他好像是绕了一个圆环，又回到了原来的人性起点。但这已非简单是原来的原点，而是在更高一个层次上的复归。理性非经过这样一场自我批判的历程，就不是真正意义上的理性。因此，仅只停留在《纯粹理性批判》的字面上或概念上理解康德思想的人，或许始终是未达一间。

归根到底，人不是一台计算机。人总是要有计算的，是要计较得失的，完全非功利的人是没有的。但是人生又绝不仅仅是运用工具理性在计算、在计较功利与得失而已。哲学是研究人的学问，仅凭工具理性推导出来的哲学，当然也是人的一部分，所以也是必要的而且是有价值的。但是如果哲学仅只限于工具理性的推导，那就未免有如荷拉修（Horatio）所说哈姆雷特的话：“天地间的事

① 参见A. C. M'Giffert, *Protestant Thought before Kant*, New York, C. Scribners, 1912，第9章。

物要比你那哲学所能梦想的更多得多。”[①]千变万化而又丰富多彩的思想和人生，不是任何一种概念体系或架构所能限定或规范得了的。哲学如其只是工具理性的一个逻辑框架或结构，那就必须还得有血有肉来充实它，赋予它以活泼泼的生命。这一点正是17、18世纪人性学家伟大传统的所在。我们理解康德，不能只从纯粹理性这一方面来考察他，他同时也还是人性学家的传统的继承者和发扬者。尤其是，过去双方似乎是互不相干、各行其是的，到康德的手里才得到了一种崭新的综合，从而达到了一个远远突破前人的新高度。前人把理性简单地理解为就是智性或悟性，康德则赋之以更高的新的意义，把一切智性的以及非智性的（道德的和审美的、意志的和感情的）都综合在内，于是理性便突破了智性的狭隘范围，理性哲学才成为名符其实的理性哲学，才上升到全盘探讨人的心灵能力的高度。近代自从文艺复兴以来的主潮，乃是人自身的尊严与价值的觉醒，它可以说是到了康德的手里才达到了最高的程度。不从纯粹理性进行分析，固然谈不到对于人有任何正确的理解，但是仅凭纯粹理性的分析，却是不够的。要理解人生的精义或真谛，就必须靠目的论来达到一种天人合一的、真正意义上的理性哲学。目的论的高扬，见之于第三批判，而其中的某些雏形观念则在《论优美感和崇高感》一文中已经透露出了某些端倪，[②]而在晚年的第四批判，即《历史理性批判》之中大畅玄风。

① 莎士比亚《哈姆雷特》第一幕，第五场，第166行。

② 参见E. Cassirer, *Kant's Life and Thought*, New Haven, Yale Univ. pr., 1981, 第327页及以下。

（五）

最后，顺便谈论一下一种颇为流行的观念，即人们每每以1781年《纯粹理性批判》一书的问世为一条界线，把康德的一生划分为前批判时期和批判哲学时期两个阶段，以为只有批判哲学才是康德成熟的定论，至于所谓批判前期则照例是不予重视的。其实，康德的思想（乃至任何人的思想）前后并不存在一条截然不可逾越的鸿沟。一切成熟的东西，都是从不成熟之中成长起来的。一个人的思想总是有变化的，但又总是有其连贯性的；历史是在不断变化的，但又是不能割断的。全盘维护旧传统是不可能的，彻底砸烂旧传统也是不可能的。何况所谓前批判时期长达30年之久。岂有一个思想家，在漫长的30年的岁月里竟然会完全乏善可陈之理？

属于这一漫长的前批判期的思想的，共有哲学著作12篇，自然科学著作10篇，人类学著作2篇，教育学著作1篇。所有这些著作几乎都多少闪烁有某些哲学思想，是与后来的批判哲学的论点相照应的。例如，我们上面所提到的本文中的“无目的的合目的性”，可以和他第四批判的“非社会的社会性”相照应，而尤其是大自然即是天意的这一理念——（Idea，理念是不能证实的，但又是非有此假设不可的，）——是它假手人间的万事万物使之不自觉地在完成它自身的目的。本文无论对于理解他批判前期的思想，还是对于理解他的批判哲学体系，都是一份不可或缺的重要文献。又如，批判前期的另一部代表作，1753年的《自然通史与天体理论》所提出的宇宙演化论，后经拉普拉斯（Laplace）于1796年发展成为一个较完整的宇宙演化的理论，对后世有着深远

的影响。恩格斯在《自然辩证法》中对其所饱含着的辩证思想曾经给予极高的评价。近代的辩证法是由康德奠基的，批判哲学体系中有着对辩证法的明确的表述（如《纯粹理性批判》中有名的四对二律背反）。而康德思想的来源之一是莱布尼兹，莱布尼兹在巴黎时曾精研过帕斯卡尔，而帕斯卡尔——据布仑士维格（Leon Brunschvicg）说——也曾提出另一种四对二律背反。[①]这似可从另一角度表明我们前面所说的，康德的思想来源之一是近代早期的人性学家。

康德批判哲学的代表作，一般认为是他的三大批判，它们构成一套完整的理性哲学的理论体系。但此外，他还有一系列其他的哲学著作与之有关，它们也都是阐释这个理性哲学的问题的。其中，通常人们认为《未来形而上学导言》可以看作是第一批判的一个提要或导言或缩写本、改写本，《道德形而上学探本》可以看作是第二批判的一个提要或导言、缩写本或改写本。那么《论优美感和崇高感》可不可以认为是第三批判的一幕前奏或提要呢？从技术角度上，或许不能这样说，因为本书中并没有明确地论证目的论。但是从人性学的角度而言，——因为哲学就是研究人的理性能力或心灵能力之学，所以也就是人学或人性学，——则本文和27年之后的第三批判，二者的基本思想是相同的；作者的思路是由这一人性学的出发点而逐步酝酿成晚年的压卷之作的。本文中自然不免有许多早年不成熟的痕迹，是他晚年放弃了的。如道德

① *Pascal*, *Pensées et Opuscules*, L. Brunschvicg ed., Paris, Hachette, 1912, 第178页。

行为的基础，本文仍可以大抵认为带有经验的成分，而后来的第二批判则完全置之于先验的理性之上。本书中若干羌无故实的分类（如对崇高的分类），后来也被作者放弃了。我们最好是把本书和第三批判看作是两篇独立的作品，本书并不是第三批判的前言，但它确实又是第三批判的一阕变奏曲。这样就便于我们追溯作者思想演变的历程。另一方面，不承认美感是功利的，不承认美感是快感，认为美感不是官能的享受而是发自内心的情操，优美和崇高两者虽然不同却又是交织在一起的，而尤其是德行和美感的结合与统一以及他对主观论的发扬，——对这些基本观点的阐发，批判期的和前批判期的既有所不同，而同时又确是它的继承与发展。并不像有些人想象的，前后两个时期截然不同，竟至于批判哲学乃是对前批判期的全盘扬弃与否定，并且完全是另起炉灶。第三批判的精义全在于对目的论的发挥，而它显然是早在本文中“无目的的合目的性”就已蕴涵了的。

当然，我们也不可要求得那么多，以至于这本小书就足以囊括或阐述他那全部体大思精的批判哲学体系。但是应该承认，本文确实最早提出了一些观念是成为尔后第三批判的重大契机的。作为康德在第三批判之外唯一的一篇美学著作，本书要比其他任何一篇前批判期的著作都更能显示出作者的风格、人格与若干重要的思路。当世学人（我首先想到的是友人李泽厚兄）倘能以本书和他晚年定论的第三批判进行一番比较研究，那将是一项极有意义的工作。如果再能探索一下近代辩证法由帕斯卡尔到莱布尼兹到康德的发展历程，那更将是功德无量的事了。可惜的是，这部小书迄今始终未能引起我国研究者的重视，爰不揣浅陋，拉杂写来草成兹篇，以期抛砖引玉。世之读康德者，傥亦有感于本书也欤？

（六）

最初有意迻译这部小书还是远在50年代中期的事了，其后人事倥偬，遂久经搁置。80年代初友人王浩兄曾建议我译出，当时也颇为动念，不意一拖竟又是十年。去岁乘访问曾经是新康德主义重镇的德国马堡大学之便，终于抽暇、但又确实是备尝艰苦地把它译完了。

就我所知，本书的英译本有两种，早一种的为1799年伦敦出版的《康德的逻辑、政治及其他哲学论文集》所收入之英译，译者不详，迄今众说纷纭，莫衷一是，但今天看来，文字显然已经过时，不甚合用；晚一种的则是1965年J. T. Goldthwait的译本（伯克利，加州大学版）。此外，收入在各种康德英译选本中的尚有几种不同的节译本，包括德·昆西（De Quincy）的在内，德·昆西以文学名家，并曾大力介绍康德给英国，但是他的译文却最不忠实，最不可靠。其他文字的译本，以法文的最多，仅现代的就有四种。遗憾的是，第三批判的两种英译本都很糟糕，其中Meredith的译本较晚出，似稍胜；而唯一的中译本则错误百出，尤其是韦卓民所译的后半部，把英译本的错误还都弄错了，使人无法卒读。这对中国读者是桩不幸的事，希望将来会有可读的译本问世。

译这样一部书的困难，不仅在于其思想理论的内涵和专门的名词术语，就连作者使用的一些常见的名词和形容词，如“Empfindung”、“Gefühl”以及“annehmlich”、“gefällig”之类，也都很难酌定。为了顾及前后行文的一致，当然对同一个字以只

用同一个相应的中文译名为宜。但事实上，在不同的场合又无法都只用同一个相应的中文词语来表达（如果是那样的话，翻译就真可以成为一架机器的工作了）。这诚然是无可如何的事。因而只好在译文之后附上一份简略的译名对照表，以供读者们参照。其他错误和不妥之处，倘蒙读者赐教，拜嘉无极。

现乘本书译竣之际，我要向友人王玖兴、李秋零、肖咏梅几位的多方热情协助，并向马堡大学汉学系M. Übelhör教授和哲学系R. Brandt教授为我提供使用他们的办公室和图书馆的便利，深致感谢之忱。

译　者

1994年春　北京　清华园

目　　录

第一节 论崇高感与优美感的不同对象

人们各种悦意的和烦恼的不同感受之有赖于引起这些感受的外界事物的性质，远不如其有赖于人们自身的感情如何。愉快和不愉快就是由它所促动的。于是便会有：某些人的快乐对于别人却是痛苦，爱情的烦恼对人人都是一个谜，以及一个人所感到的激烈矛盾而另一个人却可以完全无动于衷。对于人性的这种特点的考察的视野，可以伸展得非常遥远，并且还隐蔽着一片既引人入胜而又富于教益的宝藏有待发掘。目前，我只把自己的目光投在这个领域中看来是特别例外的一些地方，——而且即使在这方面，也更其是以一个观察者的、而不是以一个哲学家的眼光。

因为一个人只有满足了一种愿望时，才会发见自己是幸福的。所以使他能够享受巨大的满意（而又并不需要有突出才能）的那种感觉，就肯定是非同小可的了。那些大腹便便的人们，他们精神上最丰富的作家就是自己的厨师，而其所嗜好的作品则只见之于自己的窖藏；他们将会在庸俗的玩笑和下流的开心之中享受到同样活泼泼的欢乐，正有如感情高尚的人们如此之自豪地所做到的那些一样。一个懒惰的人喜欢听别人朗诵一本书，因为那很容易使他昏昏入睡；一个对一切欢乐都显得乏味的商人，——除非是一个精明的人算计到可以获利时所享受到的那种欢乐而外，——一个喜欢异性但只不过是在盘算着那种令人满足的事情而已的人，一个爱好打猎的人可能是像多米提安那样在捕捉苍蝇[①]或是像A……那样在追捕野兽；——所有这些人都有一种感觉，使他们能以各自的方式去享受满意，而无需羡慕别人或者甚至于无需对别人的满意形成一个概念。但对于这些，我目前并不加以任何评论。然而却还有另一种美好的感情；之所以这样称它，或则是因为人们可以长久地享受它而不会餍足和疲倦，或则是因为，可以说，它预先假定灵魂有一种敏感性，那同时就把它驱向了道德的冲动，或则是因为它表现了才智与理解力的优异，而与那种全然没有思想的才智与理解力是截然相反的。这种感情就是我所要考察的其中的一个方面。我还要把附着在高度悟性洞见之上的那种倾向以及一位开普勒[②]——据贝尔说，他是不会以他的发现去换取一个王国的[③]——所可能有的那种魅力，都排除在外。这种感受是太精致了，而不能列入目前的规划之中，因为我们目前的规则将只涉及普通人的灵魂所可能有的那种心灵感受。

我们目前所要考虑的那种较精致的感情，主要地是如下两种：崇高的感情和优美的感情。这两种情操都是令人愉悦的，但却是

① 多米提安（Domitian，罗马皇帝，公元81—96年在位），传说他在继位之初每天只是关起门来捕捉苍蝇。——译注

② 开普勒（Johann Kepler，1571—1630年），德国天文学家，行星运动定律的发现者。——译注

③ 贝尔（Pierre Bayle，1647—1706年），法国哲学家和批评家。按，贝尔在《历史与批评辞典》（伦敦，1736年卷3，第659—660页）中说："我们可以把他［开普勒］置于那些作家中间，他们把一件精神的作品评价得高出于一个王国之上"。——译注

以非常之不同的方式。一座顶峰积雪、高耸入云的崇山景象，对于一场狂风暴雨的描写或者是**弥尔敦**[①]对地狱国土的叙述，都激发人们的欢愉，但又充满着畏惧；相反地，一片鲜花怒放的原野景色，一座溪水蜿蜒、布满着牧群的山谷，对伊里修姆[②]的描写或者是**荷马**对维纳斯的腰束的描绘[③]，也给人一种愉悦的感受，但那却是欢乐的和微笑的。为了使前者对我们能产生一种应有的强烈力量，我们就必须有一种**崇高的感情**；而为了正确地享受后者，我们就必须有一种**优美的感情**。高大的橡树、神圣丛林中孤独的阴影是**崇高的**，花坛、低矮的篱笆和修剪得很整齐的树木则是优美的；黑夜是**崇高的**，白昼则是**优美的**。对崇高的事物具有感情的那种心灵方式，在夏日夜晚的寂静之中，当闪烁的星光划破了夜色昏暗的阴影而孤独的皓月注入眼帘时，便会慢慢被引到对友谊、对鄙夷世俗、对永恒性的种种高级的感受之中。光辉夺目的白昼促进了我们孜孜不息的渴望和欢乐的感情。崇高使人感动，优美则使人迷恋。一个经受了充分崇高感的人，他那神态是诚恳的，有时候还是刚强可怕的。反之，对于优美之活泼的感受，则通过眼中光辉的快乐，通过笑靥的神情并且往往是通过高声欢乐而表现出来。崇高也有各种不同的方式。这种感情本身有时候带有某种恐惧，或者也还有忧郁，在某些情况仅只伴有宁静的惊奇，而在另一些情况

---

① 弥尔敦（John Milton，1608—1674年），英国诗人，他的史诗《失乐园》（卷一）描述了人类的堕落史。——译注

② 关于伊里修姆（Elysium，古代神话中的极乐世界）的描写，见罗马诗人魏吉尔（Virgil，公元前70—公元前19年）的史诗《伊奈德》第6卷，第637行及以下。——译注

③ 见《伊里亚特》卷14，第416行及以下。——译注

则伴有一种弥漫着崇高计划的优美性。第一种我就称之为令人畏惧的崇高，第二种我就称之为高贵的崇高，第三种我就称之为华丽的崇高。深沉的孤独是崇高的，但却是出之以一种令人畏惧的方式。[①]因此广阔无垠的荒原，像是鞑靼地区的荒芜可怕的“沙漠”(Schamo)，就总会让我们要把可怕的鬼怪、精灵和妖魔都放到那里边去。

① 关于描写完全的孤独所能激发的那种高贵的惊怖，我将只举一个例子，并为此而引证《不来梅杂志》(Brem. Magazin)第四卷，第539页上刊载的《卡拉赞(Carazan)的梦》之中的一段话。随着他的财富增多，这个吝啬的财主就与之成比例地把自己的心对每一个别人的同情和爱都封闭了起来。同时，随着人间的爱在他身上冷却下来，他对祈祷的勤勉和宗教活动却增多了。在这种忏悔之后，他又接着说道：有一个晚上，我在灯下结我的账，算我的利润，这时睡意压倒了我。在这种状态中，我看到死亡天使像一阵旋风席卷了我，在我得以向那种可怕的打击求饶以前，它就袭击了我。我惊呆了，这时我察觉到我那永恒的命运是注定了，对我所做的一切好事再也不能增添什么，对我所干下的一切坏事再也不能取消什么了。我被带到了住在第三重天的那个人的宝座之前。照灼着在我面前的光辉就向我说道：“卡拉赞，你对上帝的服侍已经被拒绝了。你已经封锁了你对人类的爱心，你以贪得无厌的手紧紧把握着你的财富。你只是为你自己而活着，因此你将来就在永恒之中也会是孤独的，并且会断绝与整个被创造的世界的共同生活而活下去。”在这一瞬间，我就被一种看不见的力量所冲击，被驱逐出了被创造的世界那座辉煌夺目的建筑物。我很快就把数不清的世界都留在了我的背后。当我临近了自然界最边缘的尽头时，我就注视到茫无边际的虚空的阴影沉入到我面前的深渊。那是一个永恒的沉寂、孤独和黑暗的可怕的国土！这个景象使我充满了不可言喻的恐惧。最后的星光在我的视线里慢慢消逝了，最后闪耀着的光亮终于消逝在最遥远的黑暗之中。绝望的死亡焦虑每时每刻都在增长着，正如每时每刻我和最后还有人居住的那个世界的距离都在加大。我怀着无法忍受的内心焦灼在想着，哪怕是一千年里有一万次把我远远地带到了一切被创造的世界的界限之外的彼岸，我也仍然要无援无助地而且毫无返回希望地永远在仰望着前面无从窥测的黑暗深渊了。——我就在这种迷乱之中朝着现实的对象那么热烈地伸出去我的手，以至于我因此醒了过来。于是我就学到了要尊重人；因为即使是我在自己幸运的虚骄时刻拒之于门外的那些最微不足道的人，我在那种可怕的荒凉中也要把他们置于远远超出哥尔康达[哥尔康达(Golconda)为印度南部海德拉巴德附近的古城，以产金刚石著称，苏丹王曾在此积聚了大量财富，1687年被印度蒙兀儿皇帝(Aurangzeb)所毁。——译注]的全部财富之上的。

崇高必定总是伟大的，而优美却也可以是渺小的。崇高必定是纯朴的，而优美则可以是着意打扮和装饰的。伟大的高度和伟大的深度是同样地崇高，只不过后者伴有一种战栗的感受，而前者则伴有一种惊愕的感受。因此后一种感受可以是令人畏惧的崇高，而前一种则是高贵的崇高。埃及金字塔的景象，正像哈赛尔奎斯特[①]所报道的那样，要远比人们根据一切描写所能形成的东西都更加感动人，然而它那建筑却是纯朴的和高贵的。罗马的圣彼得教堂则是华丽的。因为在它那伟大而单纯的规划上，优美（例如金工和镶嵌等等，等等）是这样地展开的，从而使崇高感因之最能起作用，于是这种对象就叫作华丽。一座武器库必定是高贵的和纯朴的，一座行宫必定是华丽的，而一座游乐宫则必定是美丽的和精心装饰的。

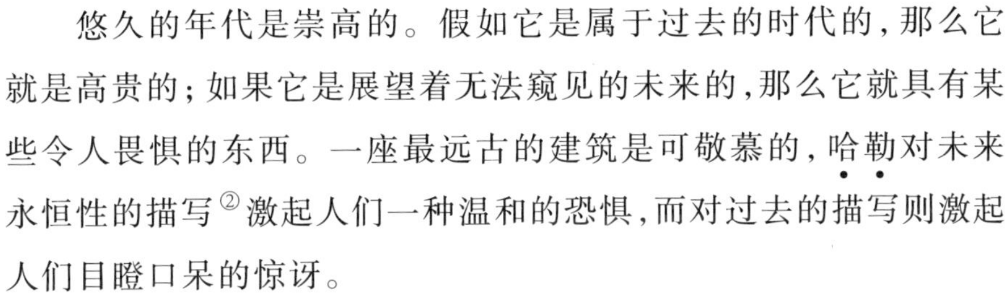

悠久的年代是崇高的。假如它是属于过去的时代的，那么它就是高贵的；如果它是展望着无法窥见的未来的，那么它就具有某些令人畏惧的东西。一座最远古的建筑是可敬慕的，哈勒对未来永恒性的描写[②]激起人们一种温和的恐惧，而对过去的描写则激起人们目瞪口呆的惊讶。

① 哈赛尔奎斯特（Frederik Hasselquist，1722—1752年），瑞典博物学家，曾在近东做过自然史的考察，此处所引，见他的《巴勒斯坦游记》（罗斯托克，1762年）第82—94页。——译注

② 指哈勒（Albrecht von Haller，1708—1777年，瑞士生理学家、诗人）1736年的《论永恒性》一书。——译注

第二节　论人类的崇高与优美的一般性质

悟性是崇高的，机智是优美的。勇敢是崇高而伟大的，巧妙是渺小的但却是优美的。克伦威尔[①]说过，审慎乃是市长的一种德行。真诚和正直是纯朴的和高贵的，玩笑和开心的恭维是精妙的和优美的。彬彬有礼是道德的优美。无私的奉献是高贵的，风度（Politesse）[②]和谦恭是优美的。崇高的性质激发人们的尊敬，而优美的性质则激发人们的爱慕。其感情主要地是来自优美的东西的人们，唯有在需要的时候才去寻找他们正直、可靠而热心的朋友；但他们却挑选与欢乐的、有风趣的和礼貌周全的伙伴们相交往。有很多人被人评价得太高了，而无法让人亲爱。他激起我们的敬仰，但他是太高出于我们之上了，使得我们不敢以亲切的爱去接近他。

这两种感觉都结合在自己身上的那些人将会发见：崇高的情操要比优美的情操更为强而有力，只不过没有优美情操来替换和

① 克伦威尔（Cromwell，1599—1658年），英国护国公。——译注

② 原文为法文。——译注

伴随，崇高的情操就会使人厌倦而不能长久地感到满足。[①] 在人选良好的一场社交谈话有时会引起的高级感受中，必定要穿插地融合着欢乐的笑话，而笑逐颜开的欢愉会与严肃动人的形态形成优美的对照，它使这两种感受可以无拘无束地相互交换。友谊主要地是崇高感的宣泄，而性爱则是优美感的宣泄。然而柔情与深沉的敬意却赋予后者以一种确凿的价值和崇高性。反之，诡谲的玩笑和信任则提高了这种感受的优美情调。按我的见解，悲剧不同于喜剧，主要地就在于前者触动了崇高感，后者则触动了优美感。前者表现的是为了别人的幸福而慷慨献身、处在危险之中而勇敢坚定和经得住考验的忠诚。这里的爱是沉痛的、深情的和充满了尊敬的；旁人的不幸在观者的心胸里激起了一种同情的感受，并使得他的慷慨的胸襟为着别人的忧伤而动荡。他是深情地受着感动，并且感到了自己天性中的价值。相反地，喜剧则表现了美妙的诡谲、令人惊奇的错乱和机巧（那是它自身会解开的）、愚弄了自己的蠢人、小丑和可笑的角色。这里的爱并不那么忧伤，它是欢快而亲切的。然而也像在其他的情况下一样，在这里高贵在一定程度上也能够与优美结合在一起。

哪怕是罪恶和道德的缺陷，也往往会同样地自行导致崇高和

① 对崇高事物的感受，在更强劲地绷紧着灵魂的力量，因此会更快地使人疲倦。人们一口气读一首田园诗要比读弥尔敦的《失乐园》、读拉·布鲁意叶［拉·布鲁意叶（La Bruyère，1645—1696年），法国作家。——译注］的诗要比读杨［杨（Edward Young，1683—1765年），英国诗人。——译注］的诗，能够读得时间更久些。在我看来，杨作为一个道德诗人的缺点之一就在于，他过分一贯地要保持崇高的格调。因为印象的强烈，只有通过穿插着柔美的段落才能够不断更新。在优美的作品中，最使人厌倦的莫过于故意造作了；这一点在这里就透露了出来。故意要引人入胜，会让人感到艰涩和吃力。

优美的宣泄，——至少就其表现于我们未经理性检验的感官感觉而言是如此。令人恐惧的愤怒是崇高的，例如像《依里亚特》中阿且里斯[①]的愤怒。一般地说，荷马的英雄是可怖的崇高，而魏吉尔[②]的优雅的英雄则反之是高贵的。受了重大的侮辱之后公开进行毫无顾忌的复仇，这本身就有着某种伟大。而且尽管它也可能是无法容许的，然而讲述起来它仍然会以惊恐和满意而扣人心弦。据韩威[③]的叙述，当那狄尔王深夜时分在他的帐中遭到几个叛逆者的袭击时，他已经受了伤，全然绝望地在防卫自己，他在喊"怜悯吧！我将宽恕你们全体。"其中一个人高举起佩刀答道：你没有证明有过任何怜悯，你也不配任何怜悯。一个恶汉决心不顾一切，是极其危险的事，可是在叙述之中它却是动人的，而且即便是他被带入了可耻的死亡下场，他在一定程度上也由于他奋不顾身并满怀鄙夷地面对着死亡而使得自己高贵化了。另一方面，一个构想得很狡黠的计划，即使它是意图恶作剧，其本身也总有某些东西是精巧而令人好笑的。在一种微妙的意义上，娇媚的作风（Coquetterie）[④]——也就是说，一种媚人和迷人的努力——在另一个彬彬有礼的人的身上或许是该受谴责的，但却仍不失其为美，并且通常还被人崇之于可歌而严肃的举止之上。

以其外表的容貌而讨人喜欢的那些人的形象，时而是以这一

---

① 阿且里斯（Achilles）为荷马史诗《依里亚特》中的英雄。——译注

② 魏吉尔，见第一节译注。

③ 韩威（Jonas Hanway，1721—1786年）为英国商人，曾旅行俄罗斯，越里海到达波斯那狄尔王（Shah Nadir）的领地。国王款待了他，并归还他被劫掠的财物。韩威于1753年出版了他的游记，次年即有德译本出版。——译注

④ 此处原文为法文。——译注

种、时而又以另一种方式在打动人。一个雄伟的身材博得人们的瞩目和重视，一个短小的身材则博得更多的亲切感。甚至于棕肤色和黑眼睛也会更近于崇高，而蓝眼睛和白肤色则更近于优美。年纪大的人更多地是与崇高的品质相联系着，而年轻的人则更多地是与优美的品质相联系着。有关地位上的区别，情况也同样是如此。并且在所提到的这一切关系之中，甚至于服饰也必定会涉及到感觉上的差异。伟大而显赫的人物，在衣着上必须看来是简单的，最多只是华丽的，而小人物则可以着意装饰打扮。老年人适合于深色泽和简单一致的服饰，青年人则以鲜艳活泼形成对比的服装而光彩照人。在具有同样的权威和品级的那些阶层中，牧师们必须表现得最简朴，而政治家则是最华丽的。Cicisbeo（情夫情妇）[①]则可以随心所欲地装扮自己。

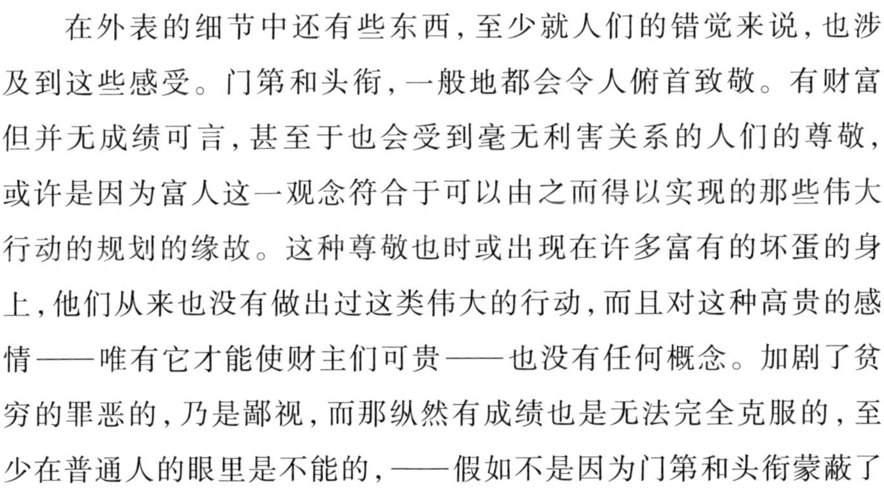

在外表的细节中还有些东西，至少就人们的错觉来说，也涉及到这些感受。门第和头衔，一般地都会令人俯首致敬。有财富但并无成绩可言，甚至于也会受到毫无利害关系的人们的尊敬，或许是因为富人这一观念符合于可以由之而得以实现的那些伟大行动的规划的缘故。这种尊敬也时或出现在许多富有的坏蛋的身上，他们从来也没有做出过这类伟大的行动，而且对这种高贵的感情——唯有它才能使财主们可贵——也没有任何概念。加剧了贫穷的罪恶的，乃是鄙视，而那纵然有成绩也是无法完全克服的，至少在普通人的眼里是不能的，——假如不是因为门第和头衔蒙蔽了

① 按，此处原文为意大利文。——译注

这种庸俗的感情,并在一定程度上把这种优越性强加于人的话。

在人性中,从来就不会发现有任何一种值得称道的品质,是同时并不具有其本身的变种的,它们将会通过无穷无尽的翳影直到最极端的不美满的状态。可怖的崇高这种品质,即使是完全不自然的,却是充满了冒险性的。[①]不自然的事物,只要是其中被认为有崇高的成分,哪怕是很少或者全然不曾被人发见,都是怪诞的。凡是喜欢并相信冒险的事情的人,就是幻想者,而倾向于怪诞的人便成为一个古怪的人。另一方面,优美感当其中完全缺乏高贵的成分时,就会蜕化变质,于是人们就称之为愚昧可笑。一个具有这种品质的男性,如果年轻的话,就叫做纨绔;如果是中年的话,那就是一个花花公子了。因为崇高对于年纪大的人是最为需要的,因此一个年老的花花公子就是自然界中最可鄙的创造物了,正如有一个年轻的怪人是最令人反感的和最不能忍受的一样。轻快与活泼则属于优美感。然而大部分的理智却可以很适当地显示出来,于是在这种程度上它们就可以或多或少联系到崇高。一个在其兴高采烈之中察觉不到有这种混合成分的人,只是在胡扯罢了。一个总是在胡扯的人,乃是蠢人。我们很容易观察到,即使是聪明的人有时候也胡扯,其中需要用不少精神暂时把智力从它的岗位上召开,而又不致把任何事情弄错。一个人,他的言谈和行动既不使人高兴也不使人感动,就是无聊的。一个无聊的人,就其同时努力在进行这两者而言,则是无趣的。一个无趣的人当其自吹自擂

① 就崇高性和优美性超逾了已知的正常尺度而言,人们就习惯于称之为传奇的[此处“传奇的”原文为romanisch,1771年版作romanhalt。——译注]。

的时候，就是一个笨伯了。[①]

我将举例来使这份对人类弱点的可怪的提纲更易于理解一些，因为一支荷伽士[②]的画笔对自己尚嫌不足的人，就必须用描写来补充画像的表现所缺乏的东西了。为了自己的、祖国的或我们朋友的权利而勇敢地承担起困难，这是崇高的。十字军、古代的骑士团乃是冒险性的；而决斗——那是由于骑士对荣誉的召唤具有一种颠倒了的观念而产生的可悲的残余——则是怪诞的；由于一种正当的厌倦而满怀忧郁地离开了纷纷攘攘的世界，乃是高贵的，古代隐士孤独的冥想，则是冒险性的。修道院和类似的坟墓用来禁闭活生生的圣徒们，乃是怪诞的。用原则来约束自己的激情，乃是崇高的。苦行、发誓和其他许多修士的道德，乃是怪诞的。圣骨、圣木和所有这类的废物（连西藏大喇嘛的圣屎也不例外），都是怪诞的。在机智和感情美妙的著作中，魏吉尔和克罗卜史托克[③]的抒情诗是应该列为高贵的，而荷马和弥尔敦的则应该列入冒险

① 人们马上就会指出，这种可敬的社会是分为两类的，即怪人的那一类和花花公子的那一类。一个有学问的怪人应当恰当地被称作是一个迂夫子，如果他采取了一种顽固的有智慧的姿态，就像古代和近代的邓思［按，邓思原文为Dunse（亦作Duns或Dunsman），此字原为反对苏格兰哲学家邓思（John Duns Scotus，约1265—1308年）的人为该学派所取的名字，指责他们专门研究诡辩和玄理。16世纪以后，由于该派反对各种新学，故此词被当时的人文主义者与改革派用以指不学无术的顽固分子。——译注］那样，那么这顶带有铃铛的帽子看样子就对他很合适了。花花公子的这个阶级在广大的世界里是更容易见到的。或许他们比前者还好一些。人们从他们身上可以收获到很多东西和嘲笑很多东西。在这幅漫画里，每一方都同样地在朝着另一方撇嘴，而且是用自己空虚的头在撞他兄弟的头。

② 荷伽士（William Hogarth，1697—1764年），英国画家。——译注

③ 克罗卜史托克（Klopstock，1724—1803年），德国作家。——译注

性的。奥维德的《变形记》[①]是怪诞的，而法国荒唐的神话故事则是从所未有过的最可悲的怪诞。安那克里昂[②]的诗歌，一般地说是非常之接近于愚昧的。

理解性的与灵心善感的作品，就其对象也包含有某些感觉的东西在内而言，同样也具有上述区别的某些部分。对于宇宙之无穷大的数学概念、对永恒性的形而上学的考察、天意，我们的灵魂不朽，都包含着有某种崇高性和价值。反之，有关世界的智慧却也被许多钻牛角尖的空谈给歪曲了，而且貌似深奥却也并未能防止人们把四种三段论式说成是经院哲学的怪诞。[③]

在道德品质上，唯有真正的德行才是崇高的。然而也有某些善良的内心品质是可爱的和美好的，并且就它们与德行是和谐一致的而论，也应该看作是高贵的，尽管它们确切说来并不能够说就是属于道德性的心性的。有关这一点的判断，是微妙而复杂的。确实，我们不能称那种心情就是有德的，它只是那些行为的一个来源，——那些行为的确也出自德行，但其基础却只是以偶然的方式而与德行相一致，而就其本性来说却往往是与德行的普遍规律相抵触的。某些温情好意——那是很容易形成一种强烈的同情感的——乃是美好可爱的；因为它表明了对别人命运的善意的同情，而德行的原则也同样地会引导到那里。不过这种善良的情

① 奥维德（Ovid即Ovidius，公元前43—公元18年），古罗马诗人，《变形记》是他现存的主要著作。——译注

② 安那克里昂（Anacreon，约公元前6世纪下半叶），古希腊抒情诗人，以歌颂醇酒享乐著称。——译注

③ 按，作者于1762年曾写有《四种三段论式之谬误的钻牛角尖》一文。——译注

感同时却是软弱的，而且总是盲目的。因为假设这种感情在推动着你，要你花钱去帮助一个困苦的人，而你又欠了另一个人的债，这样就把你置于一种无法严格履行正义的义务的地位了。所以，这种行为就显然不可能是出自任何德行方面的意图，因为这样一种情况不可能诱导你为了这一盲目的幻念而去牺牲一种更高的责任。反之，当对全人类的普遍的友善成为了你的原则，而你又总是以自己的行为遵从着它的话，那时候，对困苦者的爱始终都存在着，可是它却是被置于对自己的全盘义务的真正关系这一更高的立场之上的。普遍的友善乃是同情别人不幸的基础，但同时也是正义的基础。正是根据它的教诫，你就必须放弃现在的这一行为。一旦这种感觉上升到它所应有的普遍性，那么它就是崇高的，但也是更冷酷的。因为要我们的胸中对每一个人的遭遇都充满着温情，对别人的每一桩困苦都激荡着沉痛，这是不可能的事；否则的话，一个有德的人就会像赫拉克利特[①]那样不断地沉浸在伤感的眼泪之中了，尽管他有着这一切好心肠，却无非是成了一个感伤的、无所作为的人而已。[②]

第二种善良的感情——它确实也是美好的而又可爱的，但仍

① 赫拉克利特（Heraklit即Heralitus，约公元前540—480年），古希腊哲学家。——译注

② 仔细地考虑一下，我们就会发见，尽管同情心的品质也是可爱的，但它本身并不具有德行的价值。一个受苦的孩子、一个不幸的而驯良的女性，可以使我们的心里充满了这种沉痛，而在同时我们却以冷漠的心情听说着有关一场大战争的消息，在那里面（正如很容易想象得到的）必定要有数量可观的一部分人类无辜地遭受残酷的灾难。有许多君王见到了一个不幸的人，就要在悲痛的面前转过脸去，却在同时又出于往往是虚荣的动机而下令进行战争。这里的效果是不成比例的，因此人们怎么能够说，普遍的人类之爱就是它的原因呢？

然不是一种真正的德行基础，——就是殷勤；这种愿望是要以友好、以同意别人的要求并以我们的行为与别人的意愿相一致去使得别人高兴。这种迷人的社会性的基础是美好的，这样一种心肠的温柔性也是好意的。然而它却根本就不是德行。凡是在更高的原则并没有为它设定界限并削弱它的地方，一切罪恶就都可能从其中产生。因为且不提对于与我们有关的那些人的殷勤，对于在这个小圈子以外的其他的人往往就是一种不正之风。假如一个人只采用这种推动力的话，那么这样一个人就可能会有一切的罪恶，——并非是由于直接的品性，而是由于他太喜欢讨好别人了。他会由于热心社交而成为一个撒谎者、一个帮闲者、一个酒鬼，如此等等。因为他没有按照普遍的良好行为的准则在行事，而是按照这样的一种品性在行事，——这种品性其本身是美好的，但是当它不受控制而又没有原则的时候，就会是愚蠢的了。

因而真正的德行只能是植根于原则之上，这些原则越是普遍，则它们也就越崇高和越高贵。这些原则不是思辨的规律而是一种感觉的意识，它就活在每个人的心中而且它扩张到远远超出了同情和殷勤的特殊基础之外。我相信，如果我说它就是对人性之美和价值的感觉，那么我就概括了它的全部。前者乃是普遍友好的基础；后者则是普遍敬意的基础。而当这种感觉在一个人的心中达到了最大的完满性的时候，那么这个人就确实该爱他自己和尊重他自己，——但这是仅就他乃是他那博大而高贵的感觉所扩及于一切人之中的一个人而言。唯有当一个人使他自己的品性服从于如此之广博的品性的时候，我们善良的动机才能成比例地加以运用，并且会完成成其为德行美的那种高贵的形态。

有鉴于人性的弱点以及普遍的道德感对于绝大多数人心所能施加的力量之薄弱，天意便在我们身上安置了这类辅助性的冲动作为对德行的补充；它们在推动某些人并无原则地去做美好的行为的同时，也给另外那些受着原则所支配的人们以一种更大的驱策和一种更强的冲动去趋向于美好的行为。同情和殷勤乃是美好行为的基础，但它们或许会被一种庸俗的自私自利之压倒的重量所窒息；正如我们已经看到的，它们根本就不是德行的直接基础，尽管它们既然因为与之相关而受到尊敬，于是也就博得了它们的那种名声。因此，我可以称它们是被采用的德行，而把那些有赖于原则的称之为真实的德行。前者是美妙动人的，而后者却是崇高而可敬的。受前一种感情所支配的心灵，人们就称之为一颗善良的心，而这样的一种人便是善心的；反之，人们却有权说一个依据原则而有德行的人的心是一颗高贵的心，而称他本人是一个正直的人。这种被采用的德行和真实的德行有着很大的相似之处，它们对好心好意的行为都带来一种直接的欣慰。好心的人依据直接的殷切感，没有其他的想法而自由自在恬然自得地活下去，并对任何别人的困苦都感到由衷的同情。

可是，既然这种道德的同情还不足以把怠惰的人性驱向对公共有利的行为，于是天意就在我们身上安置了另一种感情；它是美妙的，能使我们行动起来，并且还能导致庸俗的自私与共同的享乐这两者之间的平衡。这就是荣誉感，而继之而来的便是羞耻心。别人对我们的优点都可能具有什么意见以及他们对我们的行为如何判断，乃是一种威力巨大的动机，它诱导我们做出许多牺牲。一大部分人由于好心肠所直接产生的激动或者是从原则出发所不会

做出来的事情，却往往是单纯由于表面上的缘故、由于一种非常有用的但其本身却又是非常之浅薄的幻想而竟然发生了，就仿佛是别人的判断就决定了我们的价值和我们的行动似的。由于这种动力而发生的事，一点也不是道德性的，因而每一个想被别人认为是如此的人，都小心翼翼地在掩饰着自己的荣誉欲的动机。这种品性甚至于也不如好心肠那么紧密地与可敬的德行相关联，因为它不是直接由于行为的美好而只是由于它在别人眼中看起来是否合宜而被引发的。既然荣誉感也很美妙，所以我就可以把由此而形成的与德行相类似的东西称之为德行的闪光。

如果我们比较一下人们的心灵方式，——就这三种感情之中的某一种在驾驭着它们并决定了其道德性格而言，——我们便发现它们每一种都与通常所划分的气质中的某一种有着密切的联系，而且此外，对道德感的巨大缺乏还成为这些谨小慎微的人们的一个组成部分。那并非好像是各种不同的心灵方式的特性的主要标志符合于我们所考察的思路，——因为我们在本书中根本不考虑庸俗的感情，例如自私、共同的欢娱等等，但习惯上的分类所首先着眼的正是这类品质；——而是因为上述美好的道德感情很容易与这类气质中的这一种或另一种相结合，并且实际上大部分也是与之结合在一起的。

对于人性之美和价值有着一种内心的感情，以及心灵有一种决心与力强要把自己的全部行动都归结于此作为其普遍的基础，——这便是真诚，它和轻薄的寻欢作乐、和心性轻佻的反复无常是无缘的。它甚至于很接近于沉痛；就其是建立在那种畏惧感之上而言，那是一种甜美而高尚的感情。那种畏惧感是一个受束缚的灵魂，当其怀着一种伟大的意图但又看到他所必须要加以克服的种种危险以及自己眼前的艰辛而又巨大的自我克服的胜利时，所会感受到的。这样，由原则而产生的真正的德行其本身就有着某些东西，看来是与温和意义上的忧郁的心灵状态相一致的。

好心肠、一种依所遇到的情境而在每种个别情况中都被同情或善意所感动的内心之美及其敏感性，是非常之依附于情况的变化的；而且灵魂的运动既然并不有赖于一种普遍的原则，所以它就轻易地会随着对象所呈现的这一方面或另一方面而采取变化不同的形态。而且既然这种品性是趋向于优美的，所以看来它就是与我们所称之为活泼的那种心灵方式最为自然地相结合在一起的，那种心灵方式是变化多端的而且是屈服于享乐的。我们所称之为被采用的德行的那种可爱的品质，就必须是向这种气质里面去寻求。

荣誉感往往都被当作是激动型的情绪的一个标志，而我们就可以由此采取一种描述那样一种性格的立场来探索那种美妙感觉——它们大部分只不过是以炫耀为目的——的道德后果。

从来都不会有人是没有任何美妙感受的痕迹的，然而在谨小慎微的性格之中却呈现出严重地缺乏这种东西，那也可以称之为是比较地麻木不仁吧；这样的人我们甚至于可以剥掉他的庸俗的动机，例如贪财等等，可是我们却仍然可以把它和其他密切相关的品性都留下给他，因为它们根本就不属于本书的计划之内。

现在让我们就对气质所采用的分类来进一步考察崇高感和优美感，主要地是就它们都是道德的而言。

一个在感情上是属于忧郁型的人之所以被如此称呼，并非因为他被剥夺了生活的欢乐而忧虑着自己会陷入阴郁的沉痛，而是因为当他的感情被扩大到超出一定程度时，或者是由于某种原因而走上了错误的方向时，他的感情就更容易趋向于这一种状态而不是另一种状态。于是首先他就有了一种崇高感。即使是优美——他也同样对它是有感受的，——必定也不仅是使他迷恋，而且同时还引起他的惊奇，从而使他感动。享乐在他也是真诚的，而并不因此就来得更少一些。一切崇高的情操都要比优美那种令人眼花缭乱的魅力更加令人沉醉。他的幸福首先是满意而不是欢乐。他是坚定的。因此之故，他就使自己的感情听命于原则。他们所服从的这种原则越是具有普遍性，而且把低级的感情也包括在内的那种高级感情越是广阔，他们也就越是因此而不屈从于种种无常的变化。品性的一切特殊的基础都是要服从各种例外和变化的，只要它们不是从这样一个更高一级的基础之上推导出来的。那位快活而友好的阿尔赛斯特说：我热爱并且珍惜我的妻子，因为她美丽动人而又聪明。但是当她由于疾病而形象改变、由于年老而粗鲁并且在最初的陶醉消失之后对于你也并不再显得比任何别人更为聪明时，那时候情形又会怎么样呢？如果是基础已经不再存在了，那时候人的品性又会变成什么样子呢？相反地，让我们举出那位善良而坚定的阿德拉斯特[①]为例，他自思自想道：我要满怀

① 按，阿尔赛斯特（Alcest）和阿德拉斯特（Adrast）原均为希腊文学中的人物。作者此处所引则为法国喜剧家莫里哀（Moliere，1622—1673年）《悭吝人》中的阿尔赛斯特（Alceste）及其《西西里人，一名画家的爱情》中的阿德拉斯特（Adraste）。阿尔赛斯特曾热恋一个青年寡妇，后来寡妇色衰，阿尔赛斯特遂百般挑剔。阿德拉斯特则热情而冷静，不畏艰苦，他帮助妻子化装逃出了奴役。——译注

爱情和敬意来对待这个人，因为她是我的妻子。这种心情是高贵的和慷慨的。此后，偶然的魅力可能发生变化，然而她却永远都是他的妻子。高贵的基础是始终如一的，并不是那么屈服于外界事物的变化无常。与冲动相形之下，原则就具有这样的特性，而冲动则只不过是由个别的机缘所激发的而已；因此，一个有原则的人就与一个偶然被好心或怜爱的动力所控制的人，是处在相对立的地位的。但是假如他内心深处的秘密的话是在这样地向他说："我必须要帮助那个人，因为他在受苦难，而并非因为他是我的什么朋友或伙伴，或者是我以为他能有一天怀着感激之情来报答我。现在没有时间来推理、拿问题来拖延时间了；他是一个人；凡是人所遭遇的，我也都会碰到。"①那么又将如何呢？这时候他就把自己的作为——以其不变性，同时也由于它那普遍的适用性——维持在人性中的善意的最高基础之上，并且那是极为崇高的。

我将继续我的论述。一个属于忧郁型心灵结构的人，不大关心别人是怎样判断的，别人认为什么是善或真，他在这方面依靠的仅仅是他自己的看法。因为他的动机出自于原则的本性，所以他不轻易同意别人的想法，他那坚定性却也有时候退化成为自以为是。他以漠然的态度看待风尚的变化，他以鄙视的态度看待风尚的炫耀。友谊是崇高的，因此他是有感情的。他或许会丧失一个善变的朋友，可是后者却不会那么快就忘记他。即使是对于已经消失了的友谊的回忆，对他也是可贵的。娴于辞令是优美的，而深

① 按，语出罗马喜剧作家戴仑斯（Terence，即Terentius，公元前185？—前159年）《自苦者》一剧第一幕，第一场。——译注

思的缄默则是崇高的。他对自己的和别人的秘密，是一个良好的保卫者。真实性是崇高的，而且他痛恨谎言和虚伪。他对于人性的尊严，有着一种高度的感情。他重视他自己，并且把一个人看作是一种值得尊重的造化产物。他不能忍受恶意的侮辱，他在自己高贵的胸中呼吸着自由。一切枷锁，从人们在宫廷里所佩戴的金饰直到船奴们身上沉重的铁链，对于他都是可憎的。他对自己和对别人都是一个严厉的审判官，而且也常常不免对自己以及对世界都会厌倦。

在这一品格的退化过程中，诚挚就会倾向于沉郁，忠诚就会倾向于狂热，而热爱自由则倾向于激情。侮辱和不公正在他身上点燃了复仇的欲望。这时候，他就很可怕了。他不顾危险并且蔑视死亡。由于他感情的颠倒错乱和缺少一种清明的理性，他就沦于铤而走险；——激情、幻想、进攻。如果他的理智更脆弱一点的话，他就会成为一个怪人：——成为梦兆、预感和奇迹的征象，他就有成为一个幻想家或一个妄人的危险。

具有活泼的心灵结构的人，具有一种占有主导地位的优美感。因此，他的欢乐是开心的和生气勃勃的。如果他不高兴的话，他就会不满意，而且也不会懂得什么心平气和。多样性是优美的，而且他喜欢变化。他在自己身上和他的周围寻找欢乐，他使别人高兴，他是一个很好的伙伴。他有着大量道德上的同情心。别人的快乐使他惬意，而别人的烦恼则使他内心不安。他的道德感是优美的，只不过并没有原则而总是取决于某种对象所给他形成的当下印象如何。他是所有人的朋友，或者——那说起来是一样的，——他确切地说来，从来就不是一个朋友，尽管他的确是好心的、善意的。他不伪装自己。他今天会以他的友善和良好的方式款待你；明天当你生病或是有了不幸的时候，他会感到真正的、毫不虚假的忧伤，但是他会悄悄地溜开，直到情况有了改变为止。他永远都不能是一个审判官。法律一般说来，对于他是太严厉了，他让自己被眼泪给败坏了。他是一个糟糕的牧师，从来都不是正正经经地好，也从来不是正正经经地坏。他常常是过分的而且是恶劣的，更多的是出于殷勤而不是出于品性。他是慷慨大方的和行善的，但对他自己应负的责任却是一个很坏的表达者，因为他对于善良有着很多的感情，但对于正义却很少。没有人像他那样，对于自己的内心有着那么好的一种见解。即使你不是同样地高度尊重他，你也必定还是会喜爱他。他的性格在巨大的堕落之中就沦为愚蠢，但他却是在嬉笑着而且是幼稚的。假如年龄并不曾怎么减少他的活跃，或者带给他更多的理智的话，那么他就有成为一个年老的花花公子的危险了。

一个被人认为是属于激动型的心灵结构的人，对于那种人们可以称之为华丽的崇高具有着一种占主导地位的感情。它实质上只不过是崇高性的闪烁，是一种强烈夺目的色彩，它掩盖了或许只是很恶劣的和很平庸的事情或人物的内在涵义，却靠外表来迷惑人或感动人。正有如一座建筑要靠粉饰来给人造成石雕所表现出来的那种高贵的印象一样，要用粘在墙上的横线脚和半露柱来给人以一种坚固性的观念一样，——尽管它们很少有什么根基而且什么也支撑不起来：掺了假的德行、智慧的闪烁耀眼的金光和着意渲染的功绩，却也是在这样闪闪发光的。

激动型的人认为他自己的价值和他所有的事物和行为的价

值，都是由于他能触动别人眼光的那些姿态和外表的缘故。至于对象本身所包含的内在本性和运动的根据，他却是冷漠的，既没有受到真正善意的炙暖，也不是由敬意所推动的。[①]他的行为是造作的。他必须懂得掌握各式各样的立场，以便从旁观者们各种不同的地位来判断他自己的外表。因为他很少问一问他自己是什么，而只是问他表现出来的是什么。为了这个缘故，他就必须很好地知道他的举止对于他身旁的一般人的趣味和各式各样的印象所产生的作用。既然他在这种诡谲的警觉之中需要有彻底的冷血，并且决不能让自己被自己心里的爱、同情和怜悯弄得茫然无措，所以他也会避免一个天真活泼的人所陷入的许多蠢事和烦恼，而一个天真活泼的人却是受到自己当前感受所迷惑的。因为这个缘故，他一般地总是显得要比他实际上更加理智得多。他的善意乃是礼貌，他的敬意乃是仪式，他的爱则是在向别人讨好的奉承。当他采取一个情人或一个朋友的姿态时，他总是全心都是他自己，从来都既不是一个情人，也不是一个朋友。他力求以时髦来炫耀自己；可是因为他的一切都是矫揉和造作，因此他是僵硬的而又笨拙的。他要远比一个单纯被偶然的印象所驱遣的天真活泼的人，更加按照原则而行事，然而这种原则并不是德行的原则而是荣耀的原则，而且他也没有美感或行为的价值感，他的感情只是世人可能对它们怎样加以评价而已。因为他的作为——就人们看不见它所由以产生的来源而言，——在其他各个方面都几乎和德行本身一样是普遍有用的，所以在一般人的眼中他也就博得了和有德的人一样

① 他甚至于只有当他被别人认为是幸福的时候，他才自以为是幸福的。

的高度评价。但是在精明的眼睛面前，他就小心翼翼地掩饰自己，因为他很明白发见了他那追求荣誉欲的秘密动机会给对他的尊敬带来什么。因此他就要格外投身于弄虚作假，在宗教上是虚伪的，在社交上是一个谄媚者，在政治党派上是随着形势而翻云覆雨的。他很愿意做一个伟大人物的奴隶，以便使自己能成为一个君临于小人物之上的暴君。天真性这种高贵而优美的纯朴无邪，带着自然的而不是人工造作的标记，对于他是全然陌生的。因此，当他的趣味堕落时，他的光彩就会闪烁不定，也就是说，以一种逆反的方式在发光。由于他在空话连篇的人们（装腔作势的人们）中间的作风以及他的装模作样，他正好成了一个怪人，那对于华丽就正有如冒险或怪异之于真正的崇高。他受到侮辱时，就诉之于决斗或者法院审判；而在民事关系方面，则是诉之于出身、先例和头衔。只要他还仅仅不过是虚荣，也就是说仅仅是在追求荣誉和关心着别人眼中的观感，那么他还是很可原谅的；惟有当他全然缺乏真实的优点和才能，又还要吹嘘的时候，那时他就是一个人们至少会看作是的那种东西，亦即一个蠢才了。

既然在谨小慎微的合成品之中，并没有在特别突出的程度上着意掺入有任何崇高的或优美的成分，所以这种心灵品质就不属于我们的考察范围之内了。

无论我们到现在为止所已经讨论过的这些精微的感情可能是属于哪一种，无论那可能是崇高的还是优美的，它们都有着共同的命运，亦即它们在一个对此没有任何确切感觉的人的判断里，永远都会显得是颠倒错乱的和荒谬的。一个平静而自利的、勤勉不息的人，可以说是根本就没有一种官能可以感受到一首诗歌或一曲英勇德行的高贵宣泄；他宁愿读一部鲁宾逊而不是一部格兰狄逊[①]，并且把卡图[②]当作是一个顽固不化的蠢才。同样地，在别人是引人入胜的东西，对于一个具有某种真诚的心灵方式的人来说，就显得是愚蠢可笑的；而一篇牧歌式的故事里面那种花样翻新的天真，则对他来说就成为乏味和幼稚的了。还有，哪怕人们的心灵并非是完全没有一致的美妙感情，然而它们对此的敏感性程度还是大有不同的；而且我们还看到，一个人认为是一桩高贵而正当的事，在另一个人看来却是桩巨大而冒险的事。能有机会在不道德的事情上窥测到别人感情中的某些东西，也可以使我们有机会以相当大的或然性来推论他那有关高度心灵品质的，以及甚至于有关内心深处的感情。凡是对美好的音乐觉得冗长的人，就要使人强烈地猜测到，美好的作品和美妙动人的爱情对于他也都不会有什么力量。

有一种精密入微的精神或精妙的精神（esprit des bagatelles）[③]，它表示出一种细腻的感情，但它却是与崇高背道而驰的。那是对某些事物的情趣，因为它们是非常之精工细作而又煞费苦心的，诸如一首可以回环诵读的回文诗、谜语、藏在一枚戒指里的钟、跳蚤

① 鲁滨逊为英国小说家狄福（Defoe，1660—1731年）《鲁滨逊漂流记》中的主角，在大海上船破之后独自一人在荒岛上生活，作者认为这种勇敢的生活是必要的，但仅仅是自利的。格兰狄逊是英国小说家理查逊（Rrchardson，1684—1761年）《格兰狄逊爵士史》书中的一个正直高尚、风姿俊逸的绅士，曾为Porrettas家族作出过重大贡献。——译注

② 老卡图（M. P. Cato，公元前234—149年）为罗马政治家，曾任监察官，以道德严肃著称。其曾孙小卡图（Cato von Utica，公元前95—46年）为恺撒的政敌，因失败而自杀，亦以道德严肃闻名。此处所指系小卡图。——译注

③ 原文为法文。——译注

环，等等。那是对一切安置得巧妙并且精心排列得整齐有序的东西的一种情趣，尽管它们是没有用处的，例如在一长串书橱上摆得很考究的书籍和一个望着它们感到高兴但却空虚的头脑，又如擦得像是发光的盒子一样的一所房子，里里外外洗刷得干干净净，却有着一个不受欢迎和闷闷不乐的主人住在里面。那是对一切稀罕的东西的一种情趣，尽管它很少有什么别的内在价值。如艾比克泰德[①]的灯、国王查理第十二[②]的手套；在某种方式上，收集钱币也属于这一类。这种人很值得怀疑在知识上是不是钻牛角尖的怪人；但是在道德上，他们对于一切自由自在的优美或高贵的东西，都是没有感觉的。

如果对于一个看不出使我们感动或销魂的那种东西的价值或美的人，我们就说成是他不理解它，那么我们就对他不公正了。这里所关系到的，倒并不在于智性看到了什么，而在于感觉感到了什么。然而灵魂的能量却有着如此之巨大的凝聚力，以至于我们大抵是从感受的表象就可以推论出来一个人洞见的才能如何。因为假如一个人具有大量理智的优异性而同时却并不具备对真正的高贵与优美的强大感受力，——那终究是能很好地而又合规律地运用这种心灵秉赋的动机，——那么这种才能就是枉然赋给

① 艾比克泰德（Epiktet．即Epictetus，公元一世纪）罗马斯多噶派哲学家。——译注

② 查理第十二（Karl Ⅻ，1697—1717年）瑞典国王。——译注

他了。[①]

现在，习惯上总是只把能向我们更粗鄙的感受提供满足的东西称之为**有用的**，亦即那些能使我们饮食丰盛、衣着和居室器用奢侈以及宴客浪费的东西；虽则我看不出为什么我们最活跃的感情所经常愿望着的那一切东西，就不应该同样被算作是有用的东西。然而一切若是都采取这种尺度的话，那么一个被**自利**所左右的人，就必定是一个在有关美妙的情趣方面我们所绝对无法与之理论的人了。这样来考虑的话，一只母鸡就确实要比一支鹦鹉好，一口锅就比一件瓷器更有用，全世界上的聪明才智都抵不上一个农民的价值，而要发见恒星的距离的努力就可以搁置下来，直到人们对于怎样才能最有效益地驾犁达成了一致的意见为止。可是让自己陷入这样的一场争论之中又是何等地愚蠢，——人们在其中是不可能彼此达到一致的感受的，因为那感情根本就是不一致的！然而即使是一个有着最粗鄙和最平庸的感受的人也能够觉察到：生命之中看起来似乎是最多余的那些魅力和安逸，却在吸引着我们最大的关怀，而且假如我们要排除它们的话，我们就不会剩下来有什么动力再去从事那么冗繁的操劳了。同时也没有一个人会是如此之粗鲁，以至于竟没有感到一桩道德行为——至少是对于别人——脱离自利越远，并且那种高尚的推动力在其中越是高扬，它

① 我们也看到，某些感觉上的精美性也被算作是一个人的优点。有的人能够大吃上一顿肉食和甜食，然后又能无比舒畅地大睡一场，我们很应该把他说成是胃口好的一个标志，但并不能说是一种优点。反之，谁能用一部分吃饭的时间来聆听一曲音乐或者能够在一种舒适的消遣之中沉湎于一幅绘画，或者高兴念一些有趣的东西，也许只不过是一首小诗；那么他在别人的眼中就占有一席趣味更高级的人的地位了，我们对他就会有一种更加垂青和更值得称道的看法。

也就越发因此而感动人。

如果我交替地考察人的高尚和软弱这两个方面的话，我就会使自己注意到我不能够采取这样的一种立场，即这条分水岭就可以表现出整个人性之巨大画面的一幅动人形象。因为我很高兴满足于：这些怪诞的形态就其也属于大自然的规划而言，也并不是什么别的而只能是一种高尚的表现，虽说人们是太短视了而未能就这方面加以观察。为了对它投上微弱的一瞥，我相信我可以作出如下的评论。在人类中间根据原则而行事的人，只有极少数；这却也是极好的事，因为人在这种原则上犯错误乃是非常容易发生的事，而这时候，原则越是具有普遍性，并且为自己确立了那种原则的人越是坚定不移，则由此而产生的损害也就蔓延得越远。那些出于好心肠的驱使而行事的人，为数要更多得多；这又是最好不过的，尽管仅只它本身并不能算是一个人的特殊的优点。因为这些有德的本能有时候是很缺乏的，然而平均看来，它们却同样地是在导向大自然的伟大目标，正有如其他的本能也是如此之合规律地在推动着动物世界是一样地好。把自己最可爱的自我定位在眼前，作为是自己努力的唯一参照点，并且力图使一切都以自利为轴心而转动的人，这种人乃是最大多数。在这一点上是不可能有任何不利的，因为这种人乃是最勤奋的、最守秩序的和最谨慎的，他们给予了全体以支撑和稳固，从而他们就无意之中成为对公众有利的，这就创造了必要的所需并提供了基础，使得一些更美好的灵魂得以发扬美与和谐。最后，存在于一切人心中的荣誉感——尽管在不同的程度上——也会得到发扬，那必定会对全体造成一种简直是奇迹般的迷人之美。因为尽管荣誉欲就其成为一个规律而

使得人以其他的品性都听命于它而言，乃是一种愚蠢的幻念；但是作为一种辅助性的冲动，它却是极其出色的。因为每一个人在大舞台上都按自己占统治地位的品性而行动时，他同时也就被一种秘密的冲动所驱使，要在思想上采取一种自身之外的立场，以便判断他的行为所具有的形象在旁观者的眼中看来显得如何。这样，各个不同的群体就结合成一幅表现得华彩夺目的画面，其中统一性就在更大的多样性之中展现出它的光辉，而道德性的整体也就显示出其自身的美和价值。

第三节　论崇高和优美在两性相对关系上的区别

第一个把女性构想为美丽的性别[①]这个名称的人，可能或许是想要说点什么奉承的话，但是他却比他自己所可能相信的更为中肯。因为就是不去考虑比起男性来，她那形象一般是更为美丽的，她那神情是更为温柔而甜蜜的，她那表现在友谊、欢愉和亲善之中的风度也是更加意味深长和更加动人的。因为即使没有忘记那种我们必须认作是一种秘密的魅力的东西，亦即她以之而使得我们[男性]的情绪偏向于形成对她有利的判断的那种东西，——即使是如此，主要地是存在于这种女性的心灵特征之中的某些特殊风格，仍然与我们男性的有着显著的不同，而且主要地就由此而得出了她们是以美这一标志而为人所知。另一方面，我们[男性]也可以提出要求高贵的性别这个名称，假如说并不也需要有一种高贵的心灵方式来拒绝荣誉的名称——倒不如说是授予而并不是接受这个名称——的话。但这一点却不可以理解为：女性就缺乏高贵的品质，或者男性就必定全然不要优美。我们更加期待的倒是，每

① 按，此处“美丽的性别”原文为“schöne Geschlecht”，指女性，即英文所称为的“fair sex”。——译注

种性别的人都结合有这两者，从而一个女性的全部其他优点都将由此而联合起来，为的是要高扬优美的特性，而优美乃是一个理所当然的参照点；反之，在男性的品质中，则崇高就突出显著地成为了他那个类别的标志。对于这种两性类别的一切判断，无论是称赞的还是谴责的，都必须联系到这一点；一切教育和教导在眼睛前面都必须有这一点，此外一切要促进这一种或那一种性别的道德完美性的努力也是如此，——在这里，人们是无法使大自然要在人类两性之间所做出这种富有魅力的区别不为人所知的。因为在这里，仅只提出来，我们的面前是人，这一点还不够；我们同时不能不注意到，这些人并不是属于同一个类别的。

女性对于一切美丽的、明媚的和装饰性的东西，都具有一种天生的强烈感情。早在孩童时期，她们就喜欢打扮，而且一装束起来就会高兴。对于一切引起人厌恶的东西，她们是纯洁的而且是非常柔情的。她们喜欢玩笑而且能够因为小事而开心，只要那是欢乐可笑的小事。她们很早就对自己有着一种端庄得体的作风，懂得赋予自己以一种美好的风度并且自矜；而这些对于我们这些有教养的男孩子们而言，都仍然是在不受管束、举止笨拙和不懂规矩的年纪。她们有许多同情的感受、好心肠和怜悯心，她们把美置于实用之前，并且很愿意把维持生活的节余储蓄起来，以便支付在争奇竞艳方面的消费。对于最轻微的冒犯，她们也有着非常之亲切的感受，而且还会注意到对自己最细微的缺乏重视和尊敬。总之，她们赋有人性中优美的品质与高贵的品质这两者对比的主要根源，并且甚至于还使得男性精致化。

我希望人们原谅我在这里列举了男人们的品质（就其与女性

相平行的而论），我希望人们只是在考察两者的相互对比之中才会感到满意。美丽的性别也有着和男性一样的理智，只不过那是一种优美的理智，而我们男人的则是一种深沉的理智，这后一个用语意味着它和崇高乃是一回事。

属于一切行为之优美的，首先就在于它们表现得很轻松，看来不需艰苦努力就可以完成；相反地，奋斗和克服困难则激起惊叹，因而就属于崇高。深刻的沉思和长期不懈的思考是高贵的、但却是艰苦的，不大适合于一个其无拘无束的魅力就仅只表现为一种优美性的人。辛苦的学习或艰难的思索，哪怕一个女性在这方面有高度的成就，也会消灭她那女性本身所固有的优点，而且这一点还可能由于其罕见的缘故而成为一种受到冷漠的惊叹的对象；而与此同时它却削弱了女性能用来对于男性施加巨大威力的那种魅力。一个女性像是达西埃夫人[①]那样地满脑子都是希腊文，或者像是夏德莱伯爵夫人[②]那样，对力学上的基本对抗性进行研究，简直就可以因此而长出胡须来了；因为这样或许更可以明显地表现出她们自己所追求的那种深奥性的风格。优美的理智选择一切与美好的感觉密切相关的东西作为自己的对象，而把抽象的思辨或是虽则有用但却枯燥无味的各种知识都留给辛勤的、彻底的和深沉的理智。因此，女性就不要去学习几何学；关于充足理由律或单子

① 达西埃夫人（Anne Dacier，1654—1720年），法国女学者，曾翻译《依里亚特》、《奥德赛》和多种希腊文和拉丁文的古典著作为法文。——译注

② 夏德莱伯爵夫人（Marquisin von Chastelet，即Marquise de Châtelet，1706—1749年），为伏尔泰的情人，曾与伏尔泰一起把牛顿的力学理论介绍给法国，她有关火的论文曾获1738年法国科学院奖。——译注

论，女性也只需要懂得那么多，只要足以尝尝我们冥思苦想的、没有趣味的男性所要钻透的那些闹剧之中的一点点咸味也就够了。美丽的性别可以把笛卡尔的旋涡论永远都留给笛卡尔本人去运转，[①]自己不必去操心，甚至于也包括那位彬彬有礼的丰大奈[②]在内，他曾想要把行星引进她们的社交；而且她们那种迷人的吸引力一点也没有丧失其威力，哪怕是她们根本一点都不懂得阿尔迦罗蒂[③]为了她们的好处曾经煞费苦心根据牛顿所叙述的纯物质的吸引力。她们在历史学方面将不必把自己的头脑装满了各场战役，在地理学上将不必装满了各个要塞，因为她们能否嗅到火药味和男人们能否嗅到麝香味是同样地无关紧要。

看来男人们要把美丽的性别错误地导向这种颠倒黑白的趣味，乃是男人们的一种卑劣的诡计。因为他们很意识到在女性天然的魅力面前自己的软弱性，而且只要她那狡黠的一瞥就比最繁难的学术问题更会使得他们不知所措，所以女性一旦堕入了这种情趣，她们就看到自己处于一种决定性的优势，并且处于那种她们不然的话就会很难具有的有利地位，可以用一种慷慨大度的宽宏来援救她们的荣誉心的软弱性。女性的伟大的学问，其内容更多

---

① 按，“旋涡论”为笛卡尔（原文为拉丁文Cartesius，即Descartes，1596—1650年）所提出的宇宙生成论，认为宇宙处于不断的旋转之中。——译注

② 丰大奈（Fontenelle，1657—1757年），法国作家，他的《论世界多元性的谈话录》是专门为女性所写的一部天文学书籍，供她们作为谈资。——译注

③ 阿尔迦罗蒂（Francesco Algarotti，1712—1764年），意大利人，为伏尔泰的弟子，曾模仿丰大奈为女性而写作的方式写过《为女性而写的牛顿体系》一书，风行一时，被译为欧洲各国文字。——译注

地是人，而且是人类之中的男人。她那世界智慧[1]并不在于推理能力，而在于感受能力。在我们给她们以机会来培育她们的优美的天性时，我们必须时刻把这种关系放在眼前。我们必须力求扩大她们整个的道德感情而非她们的记忆，而且还确实并不是通过普遍的规律而是通过她们对自己身旁所见到的行为的个别判断。我们要从其他时代引用种种事例，借以考察美丽的性别在世界事业上所曾有过的影响，她们在其他的时代和在别的国家与男性所处的各式各样不同的关系，由此而阐明两性双方的特性以及享乐情趣的变化；——这些就构成为她们全部的历史学和地理学了。让一个女性观看一下画有整个地球或者是世界上主要部分的一幅地图，这是最美好不过的事情。这样做的目的在于，仅只是借此来描述它们那些地方所居住的各种民族的不同性格、他们的趣味和道德感的不同，而尤其是这一点对于两性关系所产生的作用，以及一些根据天气和他们的自由或奴役状态的差异的简要说明。究竟她们懂不懂得这些大陆的具体划分、它们的产业、实力和统治权，这是无关紧要的事。同样地，她们关于宇宙的结构，除了必要的而外，也不需要知道得更多，——只要是在一个美丽的夜晚能使天空的景象触动她们，这时候她们在一定程度上就能够设想到还有更多的世界，而且那上面还可以发见有更美好的被创造物[2]。至于对绘画表现的和音乐的感受，——不是就其表现了艺术而是就其表

① 世界智慧，原文为“Weltweisheit”，此字J. Goldthwait英译本作“哲学”。——译注

② 康德在《自然通史与天体理论》（1755年）一书中曾猜想其他的星球上也有人居住，而且离太阳越远，物质就越轻，生物体的构造也就越完美。——译注

现了感受而言，——它们都精炼了或提高了女性的情趣，并且总是和道德的激情有着一定的联系。这些从来都不是冷静的和思辨的教导，而永远都是感受，并且还始终是尽可能地接近于她那女性的地位的。然而这类有关的教导却是很罕见的，因为它需要有才能、经验和一颗善感的心灵，而一个女性却不需要任何别人就可以做得到，正如女性通常不要靠别人仅凭自己就可以塑造得很好那样。

女性的德行乃是一种优美的德行[①]。男性的德行则应该是高贵的德行。女性避免做坏事，并非因为那是不对的，而是因为那是丑恶的；而有德的行为在她们就意味着在良心上乃是美好的那些行为。这里面并没有什么“应该”，没有什么“必须”，没有什么“义务”。女性受不了一切命令和一切不愉快的强制。她们做某些事，只是因为那些事是她们如此之喜爱的，所以那种艺术也就在于使唯有她们所喜爱的东西才能成其为善。我很难相信，美丽的性别是能够有原则的；并且我希望这并不会有什么冒犯，因为那在男性也是极为罕见的。但是天意就代之而赋予她们的胸中以良好的和善意的感受、一种美妙的风范感和一个可爱的灵魂。人们并不要求什么牺牲和慷慨的自我强制。一个男人如果为了朋友而使自己的一部分财产冒有风险，他绝不可以把这事告诉自己的妻子。他为什么要给她的心灵负担上一个（完全应该是由他来保守的）沉重的秘密，从而妨碍了她的谈笑风生呢？甚至于她的许多弱点，也都可以说是美丽的缺点。冒犯或是不幸，感动得使她的柔弱的灵

① 这一点见上［见《康德全集》卷2，第217页。——译注］，它在一种严格的判断上被称为被采用的德行；此处由于性别特点的关系，它值得有一种更佳的评价，所以一般就叫它优美的德行。

魂悲伤。男人除了慷慨流涕而外，决不轻弹眼泪。他在痛苦之中或者是对幸运的情况所流下的眼泪，使得他可鄙。虚荣是人们所如此之频繁地加在美丽的性别的身上的，但那就其成为她们的一个缺点而言，也还是一个美丽的缺点。因为她们确实是由此而给她们的魅力注入了生气；且不提一个那么喜欢向女性献殷勤的男人，如果她并不很愿意接受的话，还会由此而遭殃。这种品性乃是要表现欢乐和风度良好的一种动力，使她那欢愉的机智得以发挥，同时还通过不断在变换着的新颖装束而光彩照人，并且提高了她美丽的程度。在这里面，根本没有任何东西会冒犯别人，倒不如说是有着太多的礼貌（假如是出之以良好的趣味的话），所以对它肆意诋毁就是非常之没有教养的了。一个女性过分地反复无常就叫作丑女人；这种叫法其意义还不像是变了一个音尾而去称呼男人那么厉害[①]；所以如果我们能够彼此了解的话，它或许就很可以由此而表示一种亲切的奉承。假如说虚荣是一种缺点，那么它对一个女性却是很可以原谅的；所以虚骄的品质在她就不仅不像在一般人身上那么地应予谴责，而且那也全然歪曲了她那女性的特征。因为这种性格彻头彻尾是愚蠢而可憎的，并且完全是与她那楚楚动人的魅力背道而驰的。这样的一个人，这时候就处于一种下流的地步了。她会使自己沦于受到尖刻的评判而得不到任何宽恕，因为有谁要敢于表示敬意，就会招致周围所有的人的非议。每一次，哪怕是发现了最小的缺点，也会使人人都感到一种真正的乐

① 按，称呼女人的字原文是“Närrin”［英译本作coquette（轻佻，风骚）］，称呼男人的字是“Narr”，其间少了一个尾音。——译注

趣；于是丑女人这个字样在这里就丧失了它那种较轻的意义。我们必须经常不断地区分虚荣和虚夸。前者追求的是称赞，并且在一定程度上尊重某些称赞，而正是由于这个缘故，它就给自己带来了麻烦；后者则相信自己完全具有别人所称赞的东西，而正是由于它不努力去博得别人的称赞，它也就得不到任何称赞。

如果说虚荣有某些成分在男性的眼中并没有完全败坏女性的形象，那么它们越是明显可见，也就从而越发造成了美丽的性别彼此之间的分裂。这时候她们就尖锐地互相指责，因为这个人看起来好像是盖过了另一个人的魅力的样子。而且也确实，凡是强烈地自诩要征服别人的那些女性们，很少是会在真正的意义上彼此成为朋友的。

与优美最处于对立地位的，莫过于无聊了；正有如降低到崇高之下的最深处的，莫过于是笑柄一样。因此对于一个男人，没有什么别的辱骂能比他被人称为笨伯更加触及痛处，而对于一个女性则莫过于被人称为无聊透顶了。英国的《旁观者》杂志对这一点坚持说：对一个男人所能做出的最伤人的谴责，莫过于被人认作是个撒谎者；而对一个女性最为刺痛的，便莫过于被人认为不贞洁了[①]。我将把这一点——就其依据道德的严格性来加以判断而言——留下给它自身的价值。然而这里的问题并不是它本身应

① 按，《旁观者》（“Zuschauer”即“The Spectator”）系当时英国阿逊生（Joseph Addison，1672—1719年）和斯蒂尔（Richard Steele，1672—1729年）所编的杂志，流传甚广。在该刊第6期中，斯蒂尔曾写道：“当风度不再是一个性别的主要装饰品，而正直也不再是另一个性别的主要装饰品的时候，社会就被置于一个谬误的基础之上，我们就将永远再也没有可用来指导我们什么是真正合宜的和装饰性的规矩可循了。”（见阿逊生·斯蒂尔《旁观者》，伦敦，Duttons，1907年，卷一，第26页）——译注

该得到什么最大的谴责，而是实际上所感受到的最严酷的东西是什么。而在这里我要问每一个读者，当他对这一情况加以思考的时候，他是否必定不同意我的见解。尼侬·伦克罗斯这位女青年[①]从不曾对贞洁这一荣誉有过最低限度的要求，然而假如她有一位情人在他的评判中竟然走到了这么远的地步，那么她就要受到无情的侮辱了。并且我们也都知道蒙那德齐[②]的残酷命运，她就是由于说了这样一句侮辱人的话而死于一位不想被人看成是一个鲁克莱西娅[③]的公主之手。一个人虽然想要做坏事，但从来都未能做一次，——这是不可忍受的，因为那时候，就连不去做坏事也永远只不过成为一桩非常之暧昧可疑的德行罢了。

为了使自己尽可能地远远脱离这类令人厌恶的事，**纯洁无瑕**——它当然对于每一个人都是相宜的——在美丽的性别的身上就属于头等的德行，而且很难在她们的身上被提升得更高了；可是在一个男性的身上它有时候升高得过度，于是便成了愚昧可笑。

羞耻心是大自然的一个秘密，它为一种非常难于约束的品性

① 按，"女青年"一词原文为"Jungfer"，此词原指处女，18世纪的上层社会也用以作为一般的称呼，即"小姐"。尼侬·伦克罗斯（Ninon Lenclos，即Ninon de Lenclos，1616—1705年），为17世纪法国妇女时尚的领袖人物之一，与当时许多名人和作家相交往，并曾先后有过许多情人。——译注

② 蒙那德齐（Giovanni Monaldeschi，死于1657年）公爵夫人为意大利人，随侍退位的瑞典女王克里斯提娜（Christina，1626—1689年）侨居于巴黎，后被处死，死因不详。作者此处的说法只是传闻。——译注

③ 鲁克莱西娅（Lucretia）是罗马传说以及许多西方中世纪文学中的女主角，她是古罗马一个美丽有德的妇女，遭受高傲者塔尔干（Tarquinus superbus）的奸污后，告诉了自己的丈夫和父亲，并取得了他们复仇的誓言，然后自杀。据李维（Livius）《罗马史》（卷Ⅰ，第57—60节）记载，公元前509年塔尔干王朝随即被推翻并建立了罗马共和国。——译注

设下了一道界限，而同时它自己身上又有着大自然的呼声，所以看来就总是和善良的、道德的品质相协调一致的，哪怕是在它过分的时候。因此，它作为对于原则的一种补充就是极为必要的；因为没有任何情况，品性是像在这里那样轻而易举地便会变成为诡辩，并费尽心机地编造出来种种快乐的原则。但是同时，它也被用来在大自然的最恰当的和最必要的目的的面前扯起了一道充满了神秘的帷幕，从而对它过分的熟稔在其动力的终极目标方面——人性之中最美好的和最富生气的品性都是植根在那上面的——就不会促使人反感，或者至少是不会促使人漠不关心。这种品质是尤其为美丽的性别所固有的，并且对于她们也是非常之相宜的。也有一种下流可鄙的不礼貌的行为，是以一种庸俗的趣味——即人们称之为脏话的——而把美妙的娴雅风度本身推向了困境或惶惑。因为不管人们环绕着这种秘密可以随心所欲地走到多么远，然而性别的品质终究是其他一切魅力的基础；而女性作为女性，永远都是在格调高尚的谈话中令人愉悦的对象。由此或许可以解释，何以有些本来是彬彬有礼的男士却有时候竟然会放肆得使某些微妙的影射通过他们玩笑中的一点小小的恶意而表现出来，使得我们要把他们称之为轻佻或流气。而且因为在这里他们既没有遭受别人的白眼，也不想伤害别人的尊严；所以他们就相信有理由把那些怀着不情愿的或脆弱的神情而接受它的人，称之为迂腐的正人君子。我引述这一点，只是因为它通常在优美的交际中被看作多少是带有一点勇气的一种发泄，也因为事实上大量的聪明机智都被浪费在这上面的缘故。然而这里并不涉及按照道德的严格性所达到的判断究竟是什么；因为在对美的感受中，我只是要考察并阐明现象而已。

女性的这种高贵的品质——它正如我们已经指出过的，是必定不会使优美感不为人所知道的，——之宣告它自己存在的最有意义而又最确凿无疑的东西，就莫过于谦逊得体了，那是具有极大优越性的一种高贵的纯朴性和天真性。由此焕发出对别人的一种安详的友好和尊重，同时还结合着对自己的某种高贵的信心和一种合理的自尊，那在一个崇高的心灵状态中总是可以被人发见的。既然这种美妙的混合物，同时既以魅力吸引人而又以敬重感动人；所以它就使得所有其余的光辉品质都能有把握地抵御各种责难和讥讽的恶意攻击。有着这种心灵状态的人，也会有着一颗友好的心，那对于一个女性是永远都不可能被估计得足够地高（因为它是太罕见了），同时也不能不是极其有魅力的。

既然我们的目标是要评判感情，所以把美丽的性别的形象和姿容对男性所造成的各种不同印象也尽可能地纳入我们的观念之中，就不会是一桩不愉快的事了。整个这种销魂，确实是在性的本能的基础之上展开的。大自然在追寻着它那伟大的目标，而一切的美好都合在一起，——尽管它们看来好像是距离得有如它们所愿望的那么遥远，——也只不过是伪装的点缀罢了，它们的魅力归根到底还是出自这一根源的。一种健康而茁壮的情趣，总是非常之接近于这种本能的，而很少是为了一个女性的神态或容貌或眼波等等的魅力而神魂颠倒；而且正由于它确实是仅仅关系到性别，所以它往往就把别人的娇气看作是虚假的装腔作态。

假如说这种趣味并不美好，它却也不应该因此就受到鄙视。因为绝大多数的人类，就是靠着它而以一种非常之简单和确切的方式在遵循着大自然的伟大的秩序的[①]。绝大多数的婚姻都是由它促成的，而且还确实都是人类物种中最勤勉的那部分人；并且男人的头脑里既然没有充满着令人销魂的姿容、含情脉脉的双眸、高贵的仪态等等，而且也一点都不懂得这一切，所以他更为注重的就是料理家务的德行、节俭等等，还有嫁奁。至于涉及某些更美好的情趣，——我们必须是靠着这些才能够区分女性外在的魅力，——那么这就要看她们容貌的形象及其表现都有些什么是道德的或是不道德的了。一个女性就这后一种的可爱而言，就叫作漂亮。那是一种比例匀称的体态、身裁合度、眼睛和面孔的颜色娴雅地相配合，是在花丛之中也会让人喜爱并会博得人们冷静的称赞的那种真纯的美。面孔本身并不说任何话，尽管它很漂亮，但它并不向人心讲述些什么。在姿态、眼神和仪容的表现中成其为道德的东西，或则是属于崇高感的，或则是属于优美感的。凡是一个女性的身上适合于她那女性的种种可爱性之特别体现为崇高性的道德表现的，在确切的意义上就叫作美；而在仪态和姿容中使人能认识到的道德标志、从而宣示了优美的品质的那些东西，则是可爱的，而且如果她在这方面程度很高的话，则是有魅力的。前者在一种落落大方的风度和一种高贵的仪态之下，就使得优美的理智闪烁出谦逊的光芒，而且在她的容颜上就流露出她具有一种温柔的感情和一颗善良的心，于是她便掌握了一个男人心中的品性和高度的敬意。后者则在笑靥相迎之中表现出欢愉和机智、某种美妙

① 正如世界上的一切事物都有其坏的一面一样，关于这种情趣我们只能是遗憾于它要比别的任何东西都更容易腐化堕落而已。因为一个人所纵的火，任何另外一个人都可以扑灭；但是在这方面却没有足够的艰辛困苦足以限制这种放肆不羁的品性。

的捉弄、开心的玩笑和狡黠的矜持。后者是迷人的，而前者则是感人的，后者所能拥有的爱情和她所引起的别人的爱情都是变化无常的但却是美丽的；反之，前者的感情则是甜美的并结合着敬意，而且是永远不变的。我不愿意使自己陷于对这种方式的过分详尽的分析之中，因为在这种情况下作者就总会显得是要描写他本人的品性。然而我却仍然要提到何以许多女士们都喜欢一种健康而苍白的肤色，这一点在这里是可以做出解释的。因为这一点通常都伴随有一种更具有内心的感情和温柔的感受的心灵状态，而那是属于崇高的品质的；相反地，鲜红而光彩的色泽却很少表示前者，而更多地是表示快乐和欢愉的心灵状态。但是更适合于虚荣的，却是动人和引人而不是迷人和媚人。反之，也可能有人缺乏一切的道德情操，也没有显示情绪的任何表现，她们虽说也很漂亮，但既不动人也不迷人；那便是我们所已经提到过的那种庸俗的情趣了。它有时候可以精致化一些，然后再以它自己的方式做出选择。可惜的是，正是这种美丽的被创造物[①]，由于意识到了镜子里向她们所显示出来的美丽的形象，又由于缺少更美好的感情，便轻易地陷入了故作骄傲的这一缺点；这时候除了对谄媚者而外，她们自己对一切都是冷漠的，而谄媚者却是别有用心地在策划着阴谋诡计。

我们按照这种观念，或许多少能理解同一位女性的形象对男人的情趣所造成的不同的效果。在这种印象中，过于有关性的本能的东西以及与肉欲的想象——每个人的感情都是被它所装扮出

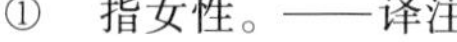

① 指女性。——译注

来的——可能相一致的东西，我都不想涉及，因为那是属于美好的情趣范围之外的。也许布丰[①]先生所设想的可能是对的，即当这种本能还是新生的并且开始发展的那时候所给人造成了最初印象的那种形象，始终都是未来的时候能够激起人们幻觉中所渴望着的一切女性形象中必然或多或少所要选定的原型，因此之故，一种相当粗糙的品性才不得不在不同的异性对象之间做出选择[②]。关于某些较为精致的情趣，我以为我们所称之为形象漂亮的那种美，则所有男人的判断都是相当一致的，而且人们对于它，也并不像是通常所认为的那么意见分歧。凡是旅行过高加索和格鲁吉亚[③]的欧洲人，都认为这些地方的姑娘们是极其漂亮的。土耳其人、阿拉伯人、波斯人在这一点上，其趣味也是非常之一致的，因为他们都十分渴望能通过如此之美好的血统来美化他们的种族，而且我们也看到波斯人种确实是做到了这一点。印度斯坦同样地也不乏商人们从罪恶地买卖如此之美丽的女性当中获得巨大的利润，他们把这些女性送给当地骄奢淫逸的富人们。于是我们便看到在这些世界里各个不同的地点，不管情趣的偏好可以是多么地变化不同，然而凡是其中的一个一旦被认作是格外漂亮的，在所有其他的地方也都会被认为是如此。但是只要在美好的形象里面渗进了在风格

① 布丰（Buffon，1707—1788年），法国博物学家。——译注

② “每个民族都有其自己特殊的审美观念；每个个人都有他自己有关那种品质的概念和情趣。这些特点或许是源出于我们对某些对象最初所接受的令人愉快的印象；所以它们就更加是取决于机缘和习惯，而不是取决于体质上的不同”（布丰《博物史》英译本，伦敦，1812年。卷3，第203页）。——译注

③ 按，“高加索的”此处原文为circassisch，系指高加索西北部靠近黑海的山区居民；“格鲁吉亚的”原文为georgisch，即乔治亚。——译注

上是属于道德的东西，那么不同的男人们的情趣便总是十分之不同的，——既由于他们的道德感本身就是不同的，也由于姿容的表现在每个人的幻念里面可能具有不同的意义。我们发见最初一眼看上去并没有什么特别效果的那种形象，——因为她们在任何确切的方式上都并不漂亮，——一旦当她们开始博得了较亲密的相知的爱宠时，通常却显得更加令人喜爱而且她们自身也就不断地显得越发美丽。反之，漂亮的容貌一旦显露出了自己，随后却会受到更大的冷遇；这想来是由于道德的魅力成为明显可见的时候，就更加吸引人，也因为它们只有在道德感情的场合才会发挥作用并仿佛是才会为人所发见，而每一次发见了新的魅力总是令人设想还会有更大的魅力。与此相反，一切毫不加隐蔽的可爱之点，从一开始就发挥了它们的全部效应，随后便不能再有所作为而只好是冷却下来的那种热烈的好奇心，便会逐渐地归于漠然无动于衷。

根据这种考察，十分自然地就出现了如下的说法。性倾向之中完全简单的和粗鄙的感觉，确实是十分直截地在引向大自然的伟大的目的的，而且当它完成了其要求的时候，它所给予人本身的就应该是直截了当地使得他欢悦；然而，由于它那巨大的普遍性的缘故，它却很轻易地蜕化为放荡和轻佻。而另一方面，一种非常之精致化的情趣确乎是有助于消除人们狂热品性中的野性。同时，尽管它把这些只限定在极少数对象的身上，使之庄重得体，然而它却通常总是错过了大自然的伟大的终极目标；而且既然它所需要的或期待的要比大自然通常所提供的更多，所以它就很少去关心要使得感情十分纤细的人幸福。前一种心灵状态将是粗野的，因为它是朝向所有的异性的；而第二种则将是冥想的，因为它实际上

并不朝向任何人，而只是关怀着恋爱的品性在思想中所创造出来的一个对象，并且用所有的高贵的和优美的品质把它装扮起来，而这些品质却是大自然很少能在一个人的身上结合起来的，并且尤其罕见的是竟能把它们带给那个懂得珍惜它们的人、或许还是最配得上享有这些东西的那个人。由此便造成了婚姻结合的延迟以及终于完全被放弃了，或者是——也许更糟糕的是——在选定了婚姻之后，人们为自己所炮制的那种伟大的期待并未实现时的那种忧伤与悔恨之情。因为《伊索寓言》中的公鸡虽然有不少次都发见了珍珠，但一颗平凡的大麦粒倒是对它会更合适一些。

一般说来，我们就可以由此指出，尽管对甜美的感觉的印象可能是那么迷人，人们却仍然有理由要警惕对它加以什么装饰，以免我们由于巨大的魅力而枉费苦心地只给自己设计出许多的不满和一种邪恶之源。我很可以向高贵的灵魂建议，感情就其与他们自身相宜的品质而论，或是就他们自己所做出的行为而论，应该是尽他们的可能加以完美化；反之，就他们所享受的而论，或是就他们所期待于别人的而论，则应该是保持这种情趣的单纯性，只要是能看出它都可能怎样地加以引导。而在它进行得顺利的情况之下，他们就会使别人幸福，并且自己也会幸福。决不能不看到，不管是处于哪种方式，人们决不可以对生活的幸福和人类的美满有任何过高的要求；因为一个永远只不过期待着一些平凡的事物的人所具有的优点乃是，事情的结果很少会违反他的希望，反之有时候意想不到的美满倒还可以使他喜出望外。

最后，年龄——美的这位大毁灭者——在威胁着所有的这些魅力，而且当它按照自然的秩序前进时，它就必定要逐渐地以崇高和高贵的品性来取代优美的地位，从而使得一个人——当她的可爱减少的时候——永远都值得更大的尊敬。按我的意见，美丽的性别在年华正茂时所赋有的全部完美性，都应该通过对一切有魅力的和高尚的东西的一种精美化了的感情而被提升为一种美的单纯性。逐步地随着对魅力的要求的消逝，读书和开拓视野就可以不知不觉地通过缪斯女神[①]而取代神的恩宠所准备好了的位置，这时丈夫则将是她的最初的老师。而且即使是当对所有的女性都是如此之可怕的那个衰老时辰到来的时候，就在那时候她也仍然是属于美丽的性别的。而且如果她要以一种绝望的方式把这种特性保持得更长久而使自己陷于一种抑郁不乐的心境之中的话，那就丑化她自己了。

一个上了年纪的女性以一种谦逊而友好的气质去参加社交，谈起话来的态度是愉快而有道理的，她就这样地以其风度而有助于慰抚她本人已经不再参与其中的那些青年们了；并且就在她关怀着一切并对她身旁所洋溢着的欢乐流露出满意和快慰时，她就总要比同样年纪的一个男人更加美好，或许还比一个少女更加可爱，虽则是在另一种意义上。的确，柏拉图式的爱[②]很可能是有点太神秘了，有一位古代的哲学家在谈到他的意中人时就曾经这样说过：神恩依旧停留在她那皱纹上，当我吻她那凋谢了的嘴唇时，我的灵魂仿佛是在我的嘴唇上颤抖。然而这种提法却是必须要抛弃的。一个年老的男人还闹恋爱，就不免是一个花花公子了；而另

① 缪斯女神（Muse），希腊神话中司文艺的女神，共9个。——译注

② “柏拉图式的爱”指纯精神的爱。——译注

一种性别身上的类似做法也是令人厌恶的。当我们表现得没有良好的风度时，那决不是什么自然的事，倒不如说那是人们把自然给颠倒了。

为了使我的眼光不至于脱离我的行文，我还要对一种性别对于另一种性别或是在优美化或是在高尚化对方的感情方面所能起的影响，再做一些考察。女性对于优美具有一种优异的感情，这是就其属于**她本身**而言；但是对于**高贵**，那却仅是以其在**男性**身上所发见的为限了。反之，男人对于**高贵**具有一种确切的感情，那是属于**他的**本性的；但是对于**优美**，则只是以其在**女性**身上所发见的为限。由此必定可以推论，大自然的目的就是要趋向于通过不同性别的品质而使得男人更加**高贵化**，并通过同样的办法而使得女性更加**优美化**。一个女性不必由于她没有能把握到一种高瞻远瞩，或者是她很怯弱而没有能从事繁巨的工作等等感到有什么惶惑不安；她是美丽的，并且她接受这一点，这就够了。反之，她却要求男人要具有所有的这些品质，而且她的灵魂的崇高性就仅仅表现在她懂得珍视她在男人身上所发见的这些高贵的品质。否则的话，那么多男性的丑陋的面孔——且不管他们可能具有什么优点——又怎么有可能都获得那么娴淑美好的妻子呢？反之，男人对于女性的美丽的**魅力**，则是非常之敏感的。由于女性有着美好的形象、欢乐的纯真和迷人的友善，他对于她之缺少书本知识以及其他必须由他本身的才干来加以补足的种种缺欠，就完全可以毫无遗憾了。虚荣和风尚很可能赋予这些自然的冲动以一种错误的

方向，使得许多男人们成了奶油小生[①]，使女性们成了女书呆子或是女武士[②]，然而大自然却总是力图把他们引回到它自身的秩序上面来。我们由此就可以判断，性别的品质对于男性主要地都可能有哪些强而有力的影响，使他们得以高贵化，——假如女性的道德感能及时地发挥出来，取而代替大量枯燥无味的说教，从而使人能感受到什么是属于另一种性别的价值及其崇高的品质，由此而准备好要鄙视愚蠢的矫揉造作，并且除了成就而外就决不把自己奉献给任何其他的品质。还可以肯定的是，她那强大的魅力一般地也会因此而有收获；因为不言而喻的是，女性的引诱力大部分只是对更高贵的灵魂才起作用，而其余的人则还不够美好，还不足以感受到它。正如诗人西蒙尼狄斯[③]所说过的话，当有人劝他让德萨里人[④]去聆听他那美丽动人的歌唱时，他就说：这些家伙是太冥顽不灵了，是无法被引到我这样一个人的面前的。人们还把男人的品德变得更温和、举止更有礼貌和文质彬彬以及他们风度更为优雅，都看作是与美丽的性别相交往的结果；不过这些都还只是次要的好处[⑤]。最为重要的则在于，男人作为男人应该成为一个更完美的

① “奶油小生”原文为“süssen Herren”（甜蜜蜜的先生）。——译注

② “女武士”原文为“Amazone”（即Amazon），系古希腊神话中一族尚武好战的妇女部落。——译注

③ 西蒙尼狄斯（Simonides，公元前556—前470年），古希腊抒情诗人。——译注

④ 德萨里（Thesalie，即Thesally）为古希腊的一个城邦。——译注

⑤ 这种好处本身，的确是被人们所做的这一考察而大大地减低了，那就是一个男人过早地和过多地被带进由女性们定下了调子的那些群体里面来，一般地就会变得有点琐碎；而在男性的圈子里就会使人厌烦或者是被人鄙夷，因为他们已经丧失了谈话的情趣，而那必须确实是欢愉的、但又是有真实内容的，确实是轻快的、但通过真诚的对话又是有用的。

丈夫，而妇女则应该成为一个更完美的妻子；也就是说，性的秉赋的冲动要符合自然的启示在起作用，使得男性更加高尚化并使得女性的品质更加优美化。当一切都达到极致时，男人对自己的优异性就可以大胆地说：即使是你不爱我，我也要迫使你不能不尊重我；而女性对自己魅力的权威也非常之有把握，就会回答说：即使是你们内心里并不高度评价我们，我们也要迫使你们不得不爱我们。没有这样的原则，我们就会看到男人模仿女性，为的是讨人喜欢，而女人有时候（尽管是罕见得多）则装出一副男人的神态，为的是引人尊敬；但是人们所做的一切违反大自然意图的事，总是会做得非常之糟糕的。

在婚姻生活中，配偶相结合就好像是形成了一个单一的道德人，那是被男人的理智和妻子的情趣所鼓舞和指导的。因为不仅是我们可以信赖男人根据经验会有着更多的洞见，而且女性在其感受中也会有着更大的自由和正确性，因而便产生了一种心灵状态，它越是崇高，也就越发要把最大的努力目标置于所爱的对象的称心满意之中；而在另一方面，则它越是优美，也就越发力图以盛情来报答这种努力。因此，要在这样一种关系之中争论某一方的优先性，便是愚蠢的事了；而且凡是发生了这种事的地方，那就会是一种庸俗的或不相称的情趣之最为确凿无疑的标志。如果它在这上面竟致成为了发号施令的权利归属于谁的问题，那么事情就已经是彻底败坏了；因为凡是在整个的结合都是当然地建立在品性之上的地方，一旦开始听到"应该如何"的时候，那么它就已经有一半是毁掉了。女性以这种粗暴的调子妄自尊大，乃是极其可憎的；而男人的则是极其下流而可鄙的。同时，事物的这一明智的

秩序，其本身的历程乃是这样的：所有由这些感受而得到的美好和甜蜜，都只是在一开始才具有其全部的强烈力量，但是随后就由于共同生活和家务操劳而逐渐变得日益迟钝，这时它就退化成为互相信赖的爱情；而这里面的伟大艺术就在于仍然能保持这些东西的充分的残余，从而无所谓的态度和厌倦都不会勾销欢愉的全部价值，从而正是由于这个缘故，才唯有它是值得人们去做出这样的一种结合的。

第四节　论民族性①

——就其有赖于对崇高与优美的不同感受立论

在我们这部分世界②的各个民族里，我的意见是：在优美感方面最使自己有别于其他各个民族的，乃是意大利人和法兰西人；而在崇高感方面则是德意志人、英格兰人和西班牙人。荷兰则可以看作是这样一个国家，在那里，这类更美妙的情趣相当地不为人所注意。优美本身或则是令人销魂的和感人肺腑的，或则是开心的而又迷人的。前者之中有着某种崇高的成分，处于这种感情之中的心灵是深沉的和热烈的；而处于第二种感情之中的心灵，则是开心的和欢乐的。第一种优美感似乎特别适合于意大利人，第二种则似乎特别适合于法兰西人。在有着崇高的表现的民族性中，它或则是属于惊恐型的（那有点近似于冒险），或则是一种高贵感或

① 我的目的完全不是要详尽地描述各个民族的特性，我仅只是要勾画出崇高感和优美感在他们身上所表现出的某些特征。人们可以很容易想到，对这类的记述只能是要求有一种还过得去的正确性，而它那原型则只能是呈现在那些要求着美好的感情的大多数人的身上，而且也没有哪个民族是缺少能符合这种最优秀的品质的心灵状态的。由于这个缘故，偶尔可能加之于某个民族身上的责难就不会冒犯任何人了，就好像是它有着这样一种性质，即每个人都可以把它像一个球一样地再抛给他的邻人。这种民族的差异究竟是偶然的，还是要以时代和统治方式为转移，或者是与气候的某种必然性相联系着；这一点我在此不加以讨论。

② “我们这部分世界”指西欧。——译注

壮丽感。我相信，有理由可以把第一种加之于西班牙人，把第二种加之于英格兰人，把第三种加之于德意志人。壮丽感就其本性而言，并不像其他各种情趣那么地原始，而且尽管它有一种模仿精神可以和任何其他的感觉结合在一起，然而它却更其适宜于辉煌的崇高；因为它确切说来乃是由优美和高贵相混合的一种感情，其中每一方就其本身来考察，都是很冷淡的，从而心灵就有充分的自由可以利用它们的这一结合来观察事例，并且还需要有它们的那种动力。因此，德意志人就比法兰西人更少具有优美的感情，就比英格兰人更少具有涉及到崇高的感情；然而在出现两者相结合的情况下，那就更符合德意志人的感情了，这时候他就可以有幸避免这两种感情中的某一种过分强烈所可能形成的错误。

我提到艺术和科学，只是一笔带过，然而对它们的选择也可以证实我们所论述的它们那种民族的情趣。意大利的天才，在音乐、绘画、雕塑和建筑方面，显得特别突出。所有这些优美的艺术，在法国也可以发见有着同样美好的情趣，尽管它们的优美程度在那里比较不太动人。有关诗歌的与讲演的完美性的情趣，在法国更多是属于优美的范围，而在英国则更多是属于崇高。美好的开心、喜剧、可笑的讽刺、爱情的调笑和轻快而自然流畅的写作方式，是法国那里所固有的。反之，在英格兰则是内容深刻的思想、悲剧、史诗以及一般说来是由机智所铸成的沉甸甸的黄金，而它们在法国的锤炼之下是本可以被打成大片薄薄的金箔的。在德国，机智仍然以其金箔在闪闪发光。以前，它原是光耀照人的，但是由于范例和这个民族的理智，它确实是变得更加迷人和更加高贵了。然而，比起上述那些民族来，前者却更缺乏纯真，而后者则更缺少一

种勇往直前的冲刺力。荷兰民族对于一种艰辛的秩序和一种令人烦忧与困恼的明媚风格感到兴趣，这就令人设想他们对于天才之毫无矫揉造作的自由活动是很少会有什么感受的，那种美只会是由于焦虑地防范着错误而被弄成了畸形。而最足以抗衡一切艺术和科学的，就莫过于冒险的乐趣了，因为它歪曲了成其为一切优美和高贵的原型的大自然。因此，西班牙民族也就很少表现出自己对于优美的艺术和科学有什么感情。

各个民族的心灵特征，从一切对他们已成为了道德性的那些事物之中是最能够识别出来的；因此之故，我们也要从这个观点就他们对崇高和优美的各种不同感情来进行考察①。

西班牙人是恳挚的、沉默的和真诚的。世界上很少有比西班牙更正直的商人了②。西班牙人有一个骄傲的灵魂，对于伟大的行为要比对于美丽的行为更有感情。既然在他那些成分中很少能发见有什么慈爱温柔的善意，所以他就往往是粗暴的而且还很残酷。“信仰行为”③之所以得以维持，与其说是由于迷信，倒不如说是由于这个民族的冒险品性所使然，那被一种荣誉而恐怖的场面所激

① 这里几乎没有必要重复我前面的辩解。在每个民族最美好的那部分里，都包含有各种各样值得称道的性格；而凡是受到这样或那样谴责的人，只要他是足够美好，都会理解他自己由于这一点——即，把其他的每一个人都委之于命运，而唯有把他本人作为例外——而得到的好处。

② 按，康德本人显然有机会直接观察到他此处所概括的各种现象。据Stuckenberg《康德传》（伦敦，1882年，第2—4页）的记载，18世纪康德的故乡哥尼斯堡曾是各国商人和学者云集的地方。——译注

③ “信仰行为”（Auto da Fe）为中世纪至近代初期西班牙异端裁判所对于所谓异端所施行的惩罚，通常是把异端在大庭广众用火烧死。——译注

发，于是我们就可以看到圣·贝尼托[1]的装束被涂成魔鬼的形象并被投入由狂热的虔诚所点燃的火焰里去。我们不能说，西班牙人要比任何别的一个民族都更傲慢或者更狂热，只不过他在这两方面都属于一种既罕见而又非凡的冒险方式而已。把耕犁插在田地里，自己则佩着长剑、披上斗篷在田野上漫步徘徊，直到过路的陌生旅客已走过去了为止；或则是在一场斗牛中，这一刻间全国的美人都揭开了面纱受到人们仰视，于是他便以一种特殊的敬礼通报他的女主人公，然后便以一场与野兽进行危险的搏斗来向她致敬，——这些都是非凡的而又罕见的行为，它们是大大违背了自然的。

意大利人似乎有着西班牙人的某些东西和法兰西人的某些东西的一种混合的感情，他们要比西班牙人有着更多的优美感，又比法兰西人有着更多的崇高感。我以为，他们道德性格的其他特征都可以用这种方式加以解释。

法兰西人对于道德美怀有一种压倒一切的感情。他是彬彬有礼的、殷勤的和愉快的。他很快就会成为知心，他在社交方面是开心的和自由的；“一位格调很高的先生或女士”这种说法，只有对于一个曾经接受过法兰西人那种彬彬有礼的感情的人，才具有一种可理解的意义。即使是他那并不少见的崇高的感情，也是服从于优美感的，并且只是通过与后者的一致才获得了它那强烈的力量。他非常之喜欢机智，并且会毫不犹豫地为了一种念头而牺牲

① 圣·贝尼托（San Benito）原为本笃教派创始人圣本笃（St. Benedict，480—547年）所创制的一种僧侣服装。异端在被审判并悔罪后，就穿上这种黄色的圣·贝尼托服装，被涂成火焰和魔鬼的形象。——译注

真理的某些东西。反之，当一个人无法可以机智的时候[①]，他也会表现出与其他任何一个民族的每个人的同样深沉的眼光，例如在数学上和其他枯燥的或深奥的艺术与科学上。一个Bon Mot［好字眼］[②]在他并不像在别的地方那样只有一种过眼烟云的价值，它在如饥似渴地被人传播着并在书籍中被人保存着，就像是最重大的事件一样。他是一个安分守己的公民，并且是以讽刺去报复总承包人的压迫的，不然的话就是通过议会的抗议，而这些在它们赋予了人民的父母官以一种与其形象相称的美好的爱国面貌之后，也只不外是为他们举行一次光荣责难的加冕礼罢了，而且还会受到衷心的赞歌的颂扬。最能表现出这种人民的优异性和民族才干的对象，便是女性了[③]。并非是女性在这里好像比在别的地方更受

① 在形而上学、道德学和宗教学上，人们对这个国家的著作可能是不够警觉的。通常那里是被许多美丽的错觉所盘踞着，它们都是禁不起冷静的研究的检验的。法兰西人喜欢勇敢者的宣言；不过为了要达到真理，人们却不能凭勇敢，而是必须警觉。在历史学中，他喜欢轶闻逸事，而这些里面所最不缺乏的就是他希望它们都能是真的。

② 此处作者所用的原文为法文。——译注

③ 在法国，是女性定下了一切社团和一切交际的调子。当然不可否认，聚会中没有美丽的性别将会是很无趣的和很无聊的；不过，如果女士在这里发出了优美的声调，那么男人在他那方面也应该发出高贵的声调。否则的话，社交就会是同样地无聊了，但是这却是出于相反的理由：因为没有什么东西是像纯属一派甜言蜜语那么样地令人反感了。按照法国的情调，就不能说："先生在家吗？"而是要说："夫人在家吗？""夫人在盥洗。""夫人心情欠佳。"（这是一种美妙的抑郁情绪。）总之，一切谈话和一切乐趣都专心致意于夫人并且联系到夫人。然而，女性却决不因此就更受到尊敬。一个调笑别人的男人，总是没有感情的，无论是在真正的敬意方面，还是在温存的爱情方面。不管别人是怎样理解，我总不会说卢梭所曾那么勇敢地论断过的：女性永远只不过是一个大孩子而已［按，语出卢梭《爱弥儿》（巴黎，E. Flammarion，第272页）。作者引用这句话时，稍有改动。——译注］。然而这位眼光犀利的瑞士人［指卢梭（Rousseau，1712—1776年）。卢梭出生于瑞士，是"日内瓦公民"，但生平活动在法国。——译注］，是在法国写下了这些话的，并且作为美丽的性别的一位如此之伟大的捍卫者，想来他对于人们没有能更真正地对女性给予敬意而感到气愤。

人爱宠和重视，而是因为女性给予了机智、礼貌和良好的风度等等最可爱的才华以最良好的场合来焕发出它们的光辉。此外，一个虚荣的人，无论是哪一个性别，都永远只是爱自己，而异性则单纯是自己的玩物。法兰西人一点也不缺乏高贵的品质，只不过那唯有通过优美感才能活跃起来；所以在那里，美丽的性别就比世界上任何其他地方都更能有一种强而有力的影响，使得男性的最高贵的行为受到触动而发挥出来，——假如我们想要促进一下这种民族精神的取向的话。可惜的是，这些百合花并不吐丝。

与这种民族性最接近的缺点就是愚蠢，或者换一种更有礼貌的说法，就是轻佻。重大的事情被当作是玩笑，而琐屑的事情却成了认真的大事。古时候，法兰西人唱着欢乐的歌曲，而且尽可能地要对女性表现得殷勤备至。在这些评论上，我有着正是这个民族自己的伟大权威人士站在我这一边。我有着孟德斯鸠和达兰贝尔[①]站在我的背后，因而我可以安心地面对着人们满腔关注的愤懑之情。

英格兰人对一切的交往起初都是冷淡的，对一个陌生人是漠不关心的。他对于小恩小惠并没有兴致；相反地，他一旦成为了朋友之后，就会尽其巨大的效力。他很少关心自己在社交中要机智，或者是要表现出一种彬彬有礼的风度；反之，他乃是理智的和坚定的。他不是一个好的模仿者，他不大过问别人的判断如何，而是一味追随着自己个人的情趣。在对女性的关系上，他没有法兰西人

① 孟德斯鸠（Montesquieu，1689—1755年），法国理论家。达兰贝尔（D’Alembert，1717—1783年），法国启蒙运动的作家、学者。——译注

的彬彬有礼，但却表现出对女性更大得多的尊敬；而且也许在这一点上走得太远了，乃至于在婚姻中，他对他的妻子通常会允诺一种无限的敬重。他是坚定的，有时候到了顽固的地步；他是勇敢的和坚决的，往往到了放肆的地步；并且他一般地都按照原则行事到了固执己见的地步。他很容易成为一个乖僻的人，并不是由于虚荣，而是因为他很少关心自己对于别人如何，而且他也不轻易出于高兴或者模仿而约束自己的情趣；因此之故，他就很少像是法兰西人那么地被人喜爱，但是当他被人认识时，他通常就会受到更高的尊敬。

德意志人具有一种英格兰人和法兰西人的混合感情，但是显得更接近于前者，而与后者的相似则更多地只是出于造作和模仿。他有着崇高感和优美感的一种幸运的混合；而且假如说他就前者而言比不上一个英格兰人，而就后者而言又比不上一个法兰西人的话；那么就其结合这两者而言，他却超过了他们双方。他在社交中比英格兰人表现出更多的愉快；而且假如说他没有给社群带来像法兰西人那么多欢欣的生气和机智的话，那么他在这里却表现出更多的谦逊和理智。就像在一切的情趣方面一样，他在爱情上也是很规矩的；而且由于他结合了优美和高贵，所以他在这两方面的感情都很冷静，足以使自己的头脑对于风度、对于华美、对于仪表要用心去思考。因此，家庭、头衔和地位，在民事关系上以及在恋爱大事上，对于他都有着巨大的意义。他比起上述的各个民族都更会去追问，人们会怎样地判断他，而且如果说他的性格中有着某种东西能够激发出一种要求重大改革的愿望的话，那么就正是这种弱点使得他不敢有创造性，尽管他在这方面具有一切的才能。

他太想使自己接纳别人的意见了，这就勾销了对于道德品质的全部支撑，因为这使得他随风转舵和矫揉造作。

荷兰人属于一种井井有条而又勤奋的心灵状态，而且由于他单纯着眼于有用的东西，所以他对于在美好的理智中都有些什么是优美的或崇高的东西，就很少有什么感受了。对于他来说，一个伟大的人和一个富有的人所意味的乃是同一个样；他理解的所谓朋友就是和他通信的人，而且一次访问若是没有能给他带来任何东西，他就会觉得非常之乏味。他与法兰西人和与英格兰人同等地形成为对照，并且在一定程度上，他也是一个很迟钝的德意志人。

假如我们把对这种思想的探讨应用到某种事例上来，例如应用于考虑一下荣誉感，那么如下的民族差异就会显现出来。在法兰西人，荣誉感就是虚荣心，在西班牙人那就是高傲，在英格兰人那就是骄傲，在德意志人那就是傲慢，而在荷兰人那就是自高自大[①]。这些提法乍看起来似乎意思都是一样的，然而就我们德国语言的丰富性而言，它们却指明了非常之显然可见的区别：虚荣心是追求别人的称赞，它是翻云覆雨的，而其外表的举止却是礼貌周全的。高傲的人充满了那种虚假造作的伟大的优点而不大谋求别人的称赞，他的表现是僵硬的和浮夸的。骄傲本来仅只是对于自我价值的一种伟大的意识，它往往可以是十分正确的（因此之故，它有时候也被称为高贵的骄傲；但是我决不能把高贵的骄傲加在

① 按，以上“虚荣心”、“高傲”、“骄傲”、“傲慢”、“自高自大”各词的原文分别为：“Eitelkeit”，“Hochmuth”，“Stolz”，“Hoffart”，“Aufgeblasenheit”。——译注

任何人的身上，因为那永远是指一种不正确的和夸大了的自我评价）；高傲者的举止对于别人是漠然的和冷淡的。一个傲慢的人是一个骄傲的人，但他同时又是虚荣的[①]。而他之寻求别人的称赞，只在于那是荣誉的见证。因此，他喜欢炫耀头衔、家世和排场。德意志人尤其染上了这种弱点。这类的字样：尊敬的、最可敬的、高贵的和尊荣的，以及其他许多这类的夸大其词，使得他的语言僵化而又拙劣，并且极大地妨碍了其他民族所能够赋予他们自己的写作方式的那种优美的纯朴性。一个傲慢的人在社交中的举止，都是讲排场。自高自大的人是一个高傲的人，他在他的举止中表现出显著地蔑视别人的标志。他的行为表现是粗俗的。这种可悲的品质极其遥远地背离了美好的情趣，因为它显然是愚蠢的；因为一个人以公开的鄙夷而促成他周围所有的人的愤恨和尖刻的嘲笑，这肯定不是通向满足荣誉感的一种办法。

在爱情上，德意志人和英格兰人都有一种很好的嗜好，都有某种美好的感情，但那却属于一种更健康的和更茁壮的情趣。意大利人在这一点上乃是冥思苦索的，西班牙人是幻想的，法兰西人则是讲究口味的。

我们这部分世界上的宗教，并不是一桩随心所欲的情趣的产物，而是有其更为可敬的起源的。因此，就唯有过度沉溺于宗教以及其中确切地是属于人的那部分东西，才能够表明各种不同民族性的标志。我把这些过度的沉溺纳入如下几种主要的概念：轻信

① 一个傲慢的人并不必然同时也是高傲的，也就是说，并不必然给自己的优点造成一副夸大的、虚假的形象；但是他或许可能并没有把自己估计得高于自己所具有的价值，而只不过是他有一种虚假的情趣，要使自己的价值对外界也有效而已。

（盲信）、迷信（妄信）、狂信（狂热）和漠不关心（无动于衷）[①]。轻信者大部分都是每个民族中无知无识的那部分人，可是他们又没有显著的美妙的感情。他们说服别人全凭道听途说和貌似权威的样子，但并没有任何一种美好的感情是包含在它那动机之内的。整个民族的这种例子，我们必须要到北方去寻找。轻信的人如果具有冒险的兴趣，就成为迷信者。这种兴趣本身就是轻易会相信某种事物的一个根源[②]。有两个人，其中一个迷上了这种感情，而另一个则有着冷静而有节制的心灵状态，那么前一个人（哪怕他确实有着更多的理智），由于他那占统治地位的品性，就会比另一个人更快地被引向相信某些超自然的东西；而在另一个人，却并不是他的洞见而是他那平凡而迟钝的感情，便在这种夸大其词的面前保卫了他自己。在宗教上，迷信的人喜欢在自己和至高无上的崇敬对象之间安插上某些强而有力的惊人人物，——可以说是神圣性的巨人，——全自然界都要听命于这些人物，他们发誓的声音就可以打开或者关闭达塔鲁斯[③]的铁门，他们的头顶着天，他们的脚却

① 按，此处“轻信（盲信）、迷信（妄信）、狂信（狂热）和漠不关心（无动于衷）”的原文分别为：“Leichtglaubigkeit”（“Credulität”），“Aberglaube”（“Superstition”），“Schwarmerei”（“Fanaticism”）和“Gleichgultigkeit”（“Indifferentism”），括号中的字为拉丁体。——译注

② 我们已经谈到，英格兰人是一个如此之聪明的民族，却由于贸然宣布了一项惊人的无稽之谈，便可以轻易地使得他们从一开始就相信得入了迷；这一点是有着很多的例子的。然而一种勇敢的心灵状态，具备各种不同的经验，——其中有许多罕见的事物确曾被人发见是真的，——却可以通过一些细微可疑的事很快地就从那里面突破出来（而一个上了当的脆弱头脑是会马上就被它俘虏的），从而有时候摈弃它那好处便可以防止它那错误。

③ 达塔鲁斯（Tartarus）为希腊神话中的地狱。——译注

仍站在大地上。因而在西班牙，健全的理性教导就必须要克服巨大的阻力，这并非是它必须要扫除愚昧无知，而是因为有一种奇特罕见的情趣在和它作对。对于这种情趣来说，自然的东西乃是平凡的，而假如它那对象不带冒险性的话，他就决不相信自己有一种崇高感。狂信可以说是虔诚的一种胆大妄为，它是被某种骄傲和对自身过分巨大的信赖所促成的，为的是更能够趋近于上天的本性，并通过一次惊人的飞跃而能使自己超出通常的既定秩序。狂热者一味在谈直接的灵感和沉思的生活，而同时迷信者则在创造了奇迹的伟大圣者们的画像面前发誓，并把自己的信仰寄托在别的那些具有和他自己本性一样的人那种虚构的而又无法模拟的优越性之上。即使是过度放纵，正如我们上面所指出的，也带有民族感情的痕迹；因此狂信[①]至少是在过去的时代，就极其大量地在德国和英国被我们发见，而且还仿佛是属于这两个民族的特性的那种高贵感情之一种不自然的产物。一般说来，它远不如迷信的品性那么有害，虽则它一开始时也是激烈的。因为一种狂热精神的炽烈是要逐步冷却的，而且由于它那本性还必定终于要达到一种有秩序的节制状态的；反之，迷信却不知不觉地、更深一层地植根于一种平静的和忍辱负重的心灵品质之中，并且在任何时候都彻底消灭了这个被囚禁的人从一种有害的幻觉之中可以把自己解放出来的信心。最后，一个虚荣而轻浮的人永远也不会有强烈的崇

① 狂热必须永远都要和热情区别开来。前者相信自己感到了与一种更高级的自然界有一种直接的和超凡的天人合一；后者则意味着一种心灵状态，它被某种原则加热到了超出正当的程度，无论是被一种爱国美德的、还是被友谊的或是宗教的准则，但却并没有由此而创造出任何一种超自然的天人合一的幻念。

高感，而且他的宗教也是毫不动情的，绝大部分都只不过是一种时尚而已。他虽然也礼貌周全地参与其中，但始终都是冷淡的。这便是那种实践上的漠不关心了，法兰西的民族精神看来是最倾向于它的，从这里到亵渎神明的嘲弄就只有一步之差了；而且当人们看到它的内在价值时，它在根本上一点也不会比全盘否定更高明多少。

我们再匆匆看一眼世界上的其余部分，那么我们就会发见阿拉伯人是东方最高尚的人，但他们却具有一种非常之退化并成为了冒险性的感情。他是好客的、慷慨的和真诚的；然而他的言谈和历史以及一般说来他的感受，却总是交织着一些奇特的东西。他那炽烈的想象力所呈现给他的事物，都是些不自然的和歪曲了的形象，而且甚至于他那宗教的传布，也是一场巨大的冒险。如果说阿拉伯人就好像是东方的西班牙人，那么波斯人就是亚洲的法兰西人了。他们是优秀的诗人，彬彬有礼而又有良好的情趣。他们不是那种过分严厉的伊斯兰教徒，而且他们容许他们这种倾向于欢乐的心灵状态对于古兰经做出一种很温和的解释。日本人大概可以看作是这一部分世界上的英格兰人，但是除了他们的坚决性（那已经退化成为极端的顽固性）、他们的勇悍和不怕死而外，很难说还有任何其他方面的品质。在其他方面，他们很少表现出自己有什么美好感情的标志。印度人对于可以归之为冒险的那类怪诞，有着一种压倒一切的兴趣。他们的宗教就是由各式各样的怪诞构成的。硕大无匹的神像、本领高强的猴子哈努曼[①]的无价之宝

① 哈努曼（Hanuman）为印度古代史诗中的神猴。——译注

的牙齿、法克尔[①](异教的托钵僧)们的违反自然的忏悔方式等等，全都是这种趣味。在焚化他们丈夫遗体的同一座柴火堆上，强迫妻子们殉身，——这是一种骇人听闻的冒险行为。中国人的繁文缛礼和过分讲究的问候之中包含有多少愚昧的怪诞！甚至于他们的绘画也是怪诞不经的，所表现的都是些奇怪的和不自然的形象，类似那样的东西是全世界都找不到的。他们也有值得尊重的怪诞，那是因为他们有着异常之古老的习俗[②]，世界上没有一个民族在这方面能比这个国家更多。

非洲的黑人[③]在天性上并没有什么超出于愚昧之上的感情。休谟[④]先生曾质问过，有没有一个人能举出哪怕是一个例子来证明黑人有才干，并且论断说：在成百万从他们的本土运到别的地方的黑人之中，尽管其中也有许多人被释放而得到了自由，然而却从来未曾发见过有哪一个是在艺术上，或者在科学上，或者在任何其他负有盛誉的品质上是有过任何伟大的表现的；虽说在白人中间经常有人是从下层群众之中脱颖而出，并且由于优异的秉赋而博得了世人的尊敬的。[⑤]这两个人种之间的区别是太带有根本性了，而且看起来在心灵能力上似乎也和在肤色上是同等地巨大。在他们

① 法克尔(Fakir)为印度的托钵僧。——译注

② 在北京，人们仍然举行这种仪式，在日蚀或月蚀的时刻用巨大的声响来驱逐想要吞噬这些天体的那条龙，于是他们就从最古老的愚昧无知的时代保存下来了一种可悲的做法，虽说他们现在是已经知道得更多了。

③ 黑人，此处原文为“Negers”(尼格罗人)。——译注

④ 休谟(David Hume，1711—1776年)，英国哲学家、历史学家。——译注

⑤ 按，此处所称引休谟的这段话，出自休谟1748年《论民族性》一文(见《休谟文集》，爱丁堡，1825年卷Ⅰ，第521—522页)。——译注

中间所广泛流行的拜物教，或许是敬神的方式之堕落到人性可能的愚昧深渊所绝无仅有的。飞鸟的一片羽毛、一支牛角、一个贝壳或其他任何常见的东西，一旦用几句话神化了之后，就成了一种崇拜的对象并且激起人们发誓。黑人是很虚荣的，但却是以一种黑人的方式，并且说起话来喋喋不休，以至于必须用棍棒把他们互相赶开。

在所有的野蛮人中间，没有一个民族表现出像北美洲的民族那么崇高的一种心灵品格的了。他们有一种强烈的荣誉感，同时他们为了猎取这种荣誉感，还得去追求好几百里路的荒野冒险；他们还得极其留心防范哪怕是最微小的伤害，假如他们那些同样之凶狠的敌人捕获了他们之后，就要严刑拷打，力图从他们口中逼出怯懦的呻吟来。此外，加拿大的野人是真诚的和正直的。他们建立起来的友谊，和从最远古的传统时代以来所曾报道过的那些，是同样之冒险的而又热情的。他是极其骄傲的，他感受到了自由的全部价值，而且即使是在受教育之中，也决不容忍有任何遭遇会使他感到一种卑贱的屈辱。莱格古士[①]看来或许就恰好可以为这类野蛮人立法；而假如在这六个民族中间出现了一位立法者的话，那么我们就会看到在新世界[②]上会出现一个斯巴达式的共和国了，正有如阿格号航海者们[③]的功绩和这些印第安人的征战并没有什么

① 莱格古士（Lykurgus，即Lycurgus）为传说中古代斯巴达的立法者。——译注

② “新世界”指新大陆，即美洲。——译注

③ 指传说中乘阿格（Argo）号船去征服金羊毛的英雄们，该船由詹森（Jason）指挥。——译注

不同之处，而詹森之超过了阿塔卡库拉库拉[1]，也无非就只是有着一个希腊的名字这一荣誉而已。所有这些野蛮人都对于道德意义上的优美没有什么感情。受到了损害而慷慨地加以宽恕，这本来是既高尚而又优美的；但在野蛮人中间却完全不懂得这是美德，而是把受到鄙视当成是一种可悲的怯懦。勇敢乃是野蛮人的最大的优越性，而复仇则是他最甜美的欢乐。这部分世界上的其余土著，很少表现出有什么心灵特性是被置之于更美好的感觉基础之上的痕迹；而一种极不平常的缺乏感情，则成为这些种族的标志。

如果我们考察一下这部分世界中的两性关系，那么我们就会发见唯有欧洲人才独一无二地发见了何以要用那么多的鲜花来点缀这种强而有力的品质的感官魅力并且还交织有那么多的道德的秘密之所在，以至于他不仅是彻底提高了它那欢愉，而且还使得它非常之正当而得体。东方的居民在这一点上，有着非常之虚假的趣味。因为他对于可以与这种本能相结合的道德美没有任何概念，所以他甚至于丧失了感官享受的价值，而他的后宫也就成为了使得他经常烦恼不安的一个根源。他豢养着各式各样怪诞的爱宠，而想象中的珍宝则是其中唯一最可宝贵的，他竭力要超乎一切地把它保存好，但它那全部的价值却只在于人们要毁掉它；而我们这部分世界里的人们对此却一般地抱有很多恶意的怀疑。他要保护它所使用的那些非常之不适当的，而且往往还是令人反感的

① 按，阿塔卡库拉库拉（Attakakullakulla）原文有误，应作阿塔库拉库拉（Attakullakulla），系印第安人切诺基（Cherokee）部落酋长，于1730年由英国卡明爵士（Sir Alexander Cuming）带到英国，被宣传为野蛮人访问文明国度的一件大事。——译注

办法。因此，女人在那里总是被囚禁的，不管她是个婢女，还是她有一个野蛮的、无能的而又总是多疑的丈夫。在黑人的国度里，除了发见这类毫无例外的事情——亦即女性处于奴隶状态的最深渊——而外，人们还可能期待有什么更好的东西呢？一个绝望了的人对于比他更软弱的人，永远都是一个严厉的主人；正犹如在我们这里，那种在厨房里永远是个暴君的人，一走出了自己的家门，简直就不敢正眼去看一下任何人。拉巴特神甫[1]确实报道过，他曾责备一个黑人木匠专横跋扈地对待自己的妻子，这个黑人就回答说：你们白人真是傻子，因为首先你们是那样地容忍你们的妻子，随后在她们让你们头痛得发疯的时候，你们却又抱怨她们。哪怕这里面也许有些东西是值得人们思考的，不过总之这个家伙从头到脚全都是黑的，这就最明确不过地证明了他所说的全都是蠢话。在所有的野蛮人中间没有哪一种人，其女性比在加拿大的女性实际上是处于更受重视的地位了。在这方面或许他们甚至于超过了我们这部分的文明世界。并非仿佛是那里的人们对妇女做到了卑躬屈节的侍奉，那种做法只不过是献殷勤而已。不，她们实际上是在发号施令。她们开会商讨国家大计，商讨战争与和平。为此，她们派出了她们的代表去参加男人的会议，而且通常做出决定的乃是她们的声音。但是她们之购得这种优越权却是十分昂贵的。她们以人口的半数而担负了全部的家务操劳，而且还要分担男人全部的艰难困苦。

① 拉巴特（Jean Baptiste Labat，1663—1738年），法国多明我教派神甫，曾在西印度群岛传教多年，著有《拉巴特神甫美洲群岛游记》。本文此处的称引，见该书（海牙，1724年）卷2，第54页。——译注

最后，如果我们再看一眼历史的话，那么我们就会看到人类的情趣就像是一个普罗提乌斯[①]采取的经常变化着的形态。古代的希腊人和罗马人在诗歌、雕刻、建筑、立法以及甚至于在道德上，都表现出一种可敬的优美感和崇高感的鲜明标记。罗马皇帝的统治，把高贵的以及优美的单纯性都变成了华丽，然后又变成了虚饰的炫耀，——关于这些，他们演说的、诗歌的以及甚至于他们道德的历史遗篇都能教给我们。慢慢地，这些美好情趣的残余也随着整个国家的衰亡而消灭了。蛮族[②]在轮到他们巩固了自己的权力之后，就引进了某种颠倒混乱的情趣，——即人们所称之为歌德式的，——那是由怪诞之中产生的。人们不仅在建筑艺术中而且也在科学和其他的实践上，都看到了种种怪诞。这种粗鄙不堪的感情，一旦通过虚伪的艺术被引进来之后，就比古老的自然单纯性更要采取各式各样其他不自然的[③]形态，并且不是怪诞就是愚蠢。人类的天才为了要超越于崇高之上所作的最大的飞跃，便走上了冒险。人们就看到了精神的和世俗的冒险，而且往往还是这两者之一种可憎的而又可怕的杂交方式。僧侣们一只手拿着弥撒书，另一只手擎着战旗，后面跟随着整整一支受蒙蔽的战场牺牲者的大军，为的是要把自己的骨灰埋葬在另一个天象分野之处和另一片更神圣的土地上，献身的战士们便通过庄严的宣誓要使用暴力和

---

① 普罗提乌斯（Proteus）为希腊神话中的海神，传说她不断变化成为各种形象。——译注

② “蛮族”指日耳曼各蛮族。——译注

③ 按，此处“不自然的”（“unnatürliche”）一词，科学院《康德全集》本（卷2，第225页）作“自然的”（“natürliche”），系沿袭了1766年本书第二版的误植；此处译文据卡西勒（E. Cassirer）《康德全集》本（柏林，1922年卷2，第299页）改正。——译注

胡作非为而得以神圣化[1]。随后，又有了一种奇特的英雄幻想者，他们自称为骑士，并且去追求冒险、比武、决斗和种种浪漫的行为。在这个时代，宗教和科学与道德一起都由于可悲的怪诞而被歪曲了，于是我们就看到，情趣是不大容易在一个方面退化而又不在所有属于美好的感情方面也都显示出它那腐化的鲜明标志的。修道院里的宣誓，把很大一部分有用的人造就成一大批勤勤恳恳的游手好闲者的团体[2]，他们那种冥思苦想的生活方式使得他们适合于孵育出成千上万的学术怪人，他们就从这里散布到更广大的世界里去，并且扩大了他们的同类。终于，人类的天才又通过了一次再生[3]，从几乎是一场全盘的毁灭之中仿佛是有幸重新站立了起来之后，我们在今天就看到了正确的优美与高尚的情趣在艺术和科学上以及在道德方面的繁花怒放。而最应该希望的就莫过于，我们不可不注意那么容易骗人的那类假光辉会使得我们脱离高贵的单纯性，而尤其是我们要使尚未被人发见的教育这种秘密脱离古老的幻念，以便尽早把每一个年轻的世界公民[4]胸中的道德感提升为一种自强不息的感情，从而使一切的美好不至于都化作一阵过眼烟云和无所用心的自满，化作仅只是多少带有一点情趣来评判我们自己身外所发生的事物而已。

① 按，以上的话系指中世纪的十字军东征。——译注

② 此处系指中世纪的教士团体。——译注

③ “再生”指文艺复兴。——译注

④ 按，“世界公民”（“Weltbürger”）一词是康德所喜欢使用的一个18世纪流行的术语。——译注

译名对照表

A

Achiles 阿且里斯

Adrest 阿德拉斯特

Alcest 阿尔赛斯特

D'Alembert 达兰贝尔

Algarotti 阿尔迦罗蒂

Allgemeinheit 普遍性

Anacreon 安那克里昂

Argonauts 阿格航海者

Artigkeit 彬彬有礼

Attakakullakulla 阿塔卡库拉库拉

Auto da Fe 信仰行为

B

Bayle 贝尔

Behutsamkeit 审慎

Bescheidenheit 谦逊

Bewegungsgrund 动机

Brem. Magazine《不来梅杂志》

Benedikt, St. 圣本笃

Bewusstsein 意识

Buffon 布丰

C

Carazan 卡拉赞

Chastelet 夏德莱夫人

Cartesius 笛卡尔

Cato 卡图(老)

Cromwell 克伦威尔

D

Dacier 达西埃夫人

Domitian 多米提安

E

edel 高贵、高尚

Ehr 荣誉

Ehrbegierde 荣誉欲

Ehrliebe 爱荣誉

Einheit 统一性

Eitelkeit 虚荣

Elysium 伊里修姆

Einfindung 感受、感情

Endabsicht 终极目标

Enthusiasmus 热情

Epiktet 艾比克泰德

erhaben 崇高

F

Fahigkeit 能量、能力

Fontenelle 丰大奈

Fratze 怪人、怪诞

G

Gefälligkeit 殷勤

Gefühl 感情、感觉

Geist 精神

Gemeinschaft 天人合一

Gemüth 心灵

Gemüthsart 心灵状态、心灵方式

Gemüthsfahigkeit 心灵能力

Gerechtigkeit 正义

Geschmack 兴趣、情趣

Gesinnung 心情

Golconda 哥尔康达

Grandison 格兰狄逊

H

Haller, Albrecht von 哈勒

Hanuman 哈努曼

Hanway 韩威

Hasselquist 哈赛尔奎斯特

Heraklit 赫拉克里特

Hogarth 荷伽士

Hume 休谟

J

Jason 詹逊

K

Karl Ⅻ 查理十二

Kepler 开普勒

Klopstock 克罗卜史托克

L

La Bruyère 拉·布鲁意叶

Labat 拉巴特

lappisch 愚蠢、愚昧

Lenclos, Ninon 伦克罗斯

Lucretia 鲁克莱西娅

Lykurgus 莱格古士

M

Mannigfaltigkeit 多样性

Milton 弥尔敦

Molière 莫里哀

Monaldeschi 蒙那德齐

Montesquieu 孟德斯鸠

N

Naivetät 天真性

Narr 笨伯、蠢才

Neigung 愿望、品性

Newton 牛顿

O

Ovid 奥维德

P

pflegmatisch 谨小慎微

politesse 风度

prachtige 壮丽、华丽

Proteus 普罗提乌斯

R

Regung 冲动

Reiz 魅力

Reizbarkeit 敏感性

Robinson 鲁宾逊

Rousseau 卢梭

Ruhrung 情操

S

Schamhaftigkeit 羞耻心

schön 优美

Schuldigkeit 义务

Seele 灵魂

Simonides 西蒙尼狄斯

Sitten 道德

T

Tartarus 达塔鲁斯

Temperament 气质

Thessalie 德撒里

Triebfeder 动机、冲动

Tugend 德行、美德

V

Verbindlichkeit 责任

Vernunft 理性

Verstand 理智、悟性

Virgil 魏吉尔

Vorsehung 天意

W

Weisheit 智慧

Werthe 价值

Wohlgewogenheit 友好、友善

Wohlwollen 善意、好意

Wurde 尊严、价值

Y

Young,Edward 杨

Z

Zug 宣泄、特征

Zuschauer《旁观者》

图书在版编目(CIP)数据

论优美感和崇高感/(德)康德著;何兆武译.—北京:商务印书馆,2024

(汉译世界学术名著丛书:120年纪念版:珍藏本:增订本)

ISBN 978-7-100-23687-4

Ⅰ.①论… Ⅱ.①康… ②何… Ⅲ.①美感—研究②崇高—研究 Ⅳ.①B83②B516.31

中国国家版本馆CIP数据核字(2024)第076144号

汉译世界学术名著丛书
(120年纪念版·珍藏本·增订本)

论优美感和崇高感

〔德〕康德 著

何兆武 译

商务印书馆出版
(北京王府井大街36号 邮政编码100710)
商务印书馆发行
北京通州皇家印刷厂印刷
ISBN 978-7-100-23687-4

2024年5月第1版 开本710×1000 1/16
2024年5月北京第1次印刷 印张6¼

定价:36.00元